"十三五"职业教育部委级规划教材

童装结构设计与应用
（第2版）

马芳　编著

U0217060

国家一级出版社　　中国纺织出版社　　全国百佳图书出版单位

内 容 提 要

本书从童装的基础知识和理论入手，在阐述儿童生理、心理特点及体型特征的基础上，根据不同季节和款式深入分析了0～15岁各年龄段童装的款式造型、规格设计和面料选择，并针对具体款式使用CorelDRAW软件按1：5的比例进行了结构图的绘制，对典型款式进行了工业样板的制作。

本书具有较强的系统性、理论性和实用性，可供高等院校服装专业学生学习使用，也可对童装企业技术人员、设计人员和服装爱好者提供一些参考和帮助。

图书在版编目（CIP）数据

童装结构设计与应用 / 马芳编著. --2 版. -- 北京：中国纺织出版社，2017.9（2023.3重印）

"十三五"职业教育部委级规划教材

ISBN 978-7-5180-3931-9

Ⅰ. ①童… Ⅱ. ①马… Ⅲ. ①童服 – 结构设计 – 高等职业教育 – 教材 Ⅳ. ① TS941.716

中国版本图书馆 CIP 数据核字（2017）第 206295 号

责任编辑：张晓芳　　特约编辑：王梦琳　　责任校对：寇晨晨
责任设计：何　建　　责任印制：何　建

中国纺织出版社出版发行
地址：北京市朝阳区百子湾东里A407号楼　邮政编码：100124
销售电话：010—67004422　传真：010—87155801
http：//www.c-textilep.com
中国纺织出版社天猫旗舰店
官方微博http：//weibo.com/2119887771
三河市宏盛印务有限公司印刷　各地新华书店经销
2011年3月第1版　2017年9月第2版
2023年3月第8次印刷
开本：787×1092　1/16　印张：14.25
字数：248千字　定价：39.80元

第 2 版前言

《童装结构设计与应用》自出版以来，一直受到读者的喜爱，大家通过此书更多地了解了不同年龄、不同季节童装在款式设计、规格设计、结构制图等方面的差异，为服装院校师生、服装企业技术人员以及童装爱好者提供了参考和帮助。但随着服装行业快时尚特点的日趋明显，童装款式也需要不断更新，童装纸样设计的质量也需要不断提高，这就促使作者更多地结合童装市场情况提升本书内容，以回馈广大读者。

本书在《童装结构设计与应用》第 1 版的基础上对一些内容进行了调整，如在第一章增加了"儿童生长发育特点与着装差异""儿童服装常用面料"等内容；在第一章至第六章各款式中增加了"原材料说明"的内容；增加了第七章"童装工业样板的制作"，更新和添加了部分款式。

第 2 版的编著得到了河北科技大学领导和纺织服装学院领导的大力支持，在此向各位领导、使用该教材并提出宝贵意见的专家和同行以及广大读者表示感谢！

此外，书中的知识只是起到以点带面的作用，对其中存在的不足，敬请同行和读者批评指正。

编著者

2016 年 9 月

第 1 版前言

随着生活水平的日益提高，人们对服装的外观美和内在质量提出了更高的要求。对童装而言，由于儿童皮肤娇嫩，又处于生长发育期，父母对童装品质的要求比对成人服装更加严格。款式新颖、结构合理、穿着舒适、工艺精细的童装成为父母们的首选。

据统计，我国目前 0 ~ 15 岁的儿童人数为 2.5 亿左右，庞大的基数再加上我国的计划生育政策，使得童装消费因为没有弟弟妹妹们的"接班"而成为"一次性消费"。近几年，国内童装销售每年均呈两位数以上的增长，2009 年，中国童装市场规模更是达到了创纪录的 680 亿元，已形成一个庞大的儿童消费市场。与此同时，规模以上童装企业的数量也在大幅递增。快速增长的产能使童装设计和技术人员的需求出现了较大的缺口，企业的产品质量也出现了良莠不齐的情况。针对这种状况，我们编写了《童装结构设计与应用》一书，希望能对童装从业人员和服装爱好者提供一些参考和帮助。

本书具有较强的系统性、理论性和实用性，从童装的基础知识和理论入手，在阐述儿童生理、心理特点及体型特征的基础上，根据不同季节和款式深入分析了 0 ~ 15 岁各年龄段儿童服装的款式造型、规格设计和面料选择，并针对具体款式运用 CorelDRAW 软件按 1 : 5 的比例进行了结构图的绘制。

河北科技大学纺织服装学院于 2003 年开设童装结构设计和童装工艺课程，多年的经验累积和与童装企业的广泛交流与合作，为本书的科学性和实用性提供了保证。

本书部分结构图由上海对外贸易学院安琪绘制，全书由马芳和李晓英统稿。本书在编写过程中得到了河北科技大学纺织服装学院多位同事的大力支持和帮助，在此表示感谢！

由于时间仓促及编者水平所限，书中难免有疏漏和差错，恳请各位专家、同行和服装爱好者批评指教。

编　者
2010 年 10 月

《童装结构设计与应用》（第2版）教学内容及课时安排

章/课时	课程名称	节	课程内容
第一章 （8课时）	绪论		·绪论
		一	儿童身体测量
		二	童装主要部位名称
		三	童装结构制图常用符号与部位代号
		四	常见童装结构设计方法
		五	儿童生长发育特点与着装差异
		六	童装号型与规格设计
		七	儿童服装常用面料
第二章 （10课时）	夏季日常童装 结构设计		·夏季日常童装结构设计
		一	婴儿服装
		二	幼儿服装
		三	学童服装
		四	少年服装
第三章 （12课时）	春秋季日常童装 结构设计		·春秋季日常童装结构设计
		一	婴儿服装
		二	幼儿服装
		三	学童服装
		四	少年服装
第四章 （12课时）	冬季日常童装 结构设计		·冬季日常童装结构设计
		一	婴儿棉服
		二	幼儿棉服
		三	学童棉服
		四	少年棉服
第五章 （8课时）	校服结构设计		·校服结构设计
		一	制服式校服
		二	运动式校服

章/课时	课程名称	节	课程内容
第六章 （4课时）	儿童服饰配件 结构设计		·儿童服饰配件结构设计
		一	罩衣
		二	睡袋
		三	肚兜
		四	围兜
		五	帽子
第七章 （6课时）	童装工业样板的制作		·童装工业样板的制作
		一	童装工业样板制作程序
		二	童装工业样板制作实例

注 各院校可根据本校的教学特色和教学计划对课程时数进行调整。

目录

绪论

课程名称： 绪论

课程内容： 1. 儿童身体测量。

2. 童装主要部位名称。

3. 童装结构制图常用符号与部位代号。

4. 常见童装结构设计方法。

5. 儿童生长发育特点与着装差异。

6. 童装号型与规格设计。

7. 儿童服装常用面料。

上课时数： 8课时

教学提示： 讲解儿童身体测量的部位和方法；介绍童装主要部位名称及结构制图常用符号和部位代号；详细讲解童装原型制图的方法；仔细分析不同年龄段儿童生长发育特点与着装差异；介绍我国服装号型系列与成衣规格；概括讲述儿童服装常用面料。

教学要求： 1. 使学生了解儿童身体测量的方法、基本姿势及着装，了解儿童身体测量注意事项，掌握儿童身体测量的部位及方法。

2. 结合具体款式，使学生了解童装主要部位名称和部位代号。

3. 使学生掌握童装原型制图的方法，并了解和女装原型的区别。

4. 结合儿童生长发育特点，使学生了解不同年龄段童装的差异。

5. 结合实例讲解我国童装号型系列，使学生能够熟练进行童装成衣规格的设计。

6. 通过对常用童装面料的讲解，使学生能够针对不同产品正确选择面料。

课前准备： 选择典型的儿童体型特征与动作特征图片，以文字讲解结合图片介绍的方式，使学生直观了解儿童与成人的区别。

第一章 绪论

童装是以儿童为穿着对象的服装的总称，包括婴儿、幼儿、学龄儿童、少年儿童等各年龄段儿童的着装。

在我国，随着人们生活水平的进一步提高，童装市场的消费需求已由过去的实用型开始转向追求美观的时尚型，尤其在城市，消费者对童装的需求日益趋向潮流化、品牌化。从2005年起，中国童装消费每年均呈现两位数以上的增长，童装成了服装业发展的一个新的增长点。

在童装消费中，人们对童装的面料、款式和样板的要求比成人服装更严格：面料和辅料越来越强调天然、环保，针对儿童皮肤和身体特点，多采用纯棉、天然彩棉、皮毛一体等无害面料，印染要求无毒或低毒；款式则体现出时代的时尚化特征，如亮片、刺绣、喇叭型裤腿、混搭等流行元素在童装设计上均有所体现；样板则要求舒适的适度合体性，一改以往的臃肿和肥大，在保证儿童生理舒适的前提下，尽量合体和美观。但是，由于儿童期是人类生理和心理变化巨大的时期，体型变化快，个体之间差异大，这就给童装生产带来了一定难度。所以，童装设计必须把握好儿童的生理、心理特点和体型特征，充分考虑儿童生长发育的需要，才能设计出集安全、美观、舒适于一体的童装。

第一节 儿童身体测量

儿童身体测量是童装结构设计的一项基础性工作，是为了对儿童体型有一个正确、客观的认识，将体型各部位数据化，以便为结构设计的准确性提供科学依据，然后再用精确的数据来表示儿童身体各部位的体型特征。

一、儿童身体测量的意义

儿童身体测量是进行童装结构设计的前提。通过儿童身体测量，掌握童体相关部位的具体数据，并进行分析与结构制图。这样设计出的童装才能适合儿童的体型特征，达到穿着舒适、外形美观的目的。

儿童身体测量是制定童装号型规格标准的基础。童装号型标准的制定是建立在大量儿童身体测量的基础之上，通过对成千上万的儿童进行身体测量，并取得大量的人体数据，然后进行科学的数据分析和研究，在此基础上制定出合理的童装号型标准。

儿童身体测量所得到的数据不仅是童装技术生产的重要依据，还是消费者购买童装产品的一个重要标准。对于消费群体而言，人体数据使用正确与否，其直观感受是着装是否合体，因此由儿童身体测量数据所形成的童装的合体性就成为消费者衡量童装产品的一个重要标准。

由以上分析可以看出，儿童身体测量是童装结构设计、童装生产和童装消费中十分重要的基础性工作，因此儿童身体测量时，测量方法要科学，同时要有相应的测量工具和设备。

二、儿童身体测量的方法

与服装有关的儿童身体测量方法主要有接触式测量和非接触式测量。

1. 接触式测量

接触式测量属于传统的人体测量，起源于人体工程学的研究，主要研究人体测量和观察方法，并通过人体整体测量与局部测量来探讨人体的体型特征、人体各部位的相互关系以及不同体型的变化规律。与服装有关的人体测量项目主要有身高、颈椎点高、背长、膝高、手臂长、腰围高、胸围、腰围、臀围、腹围、腿围、腋围、腕围等。

目前我国的儿童身体测量是以直接的接触式测量为主。现行的国家服装号型标准等是在借鉴人体工程学和工效学知识及理论的基础上确定儿童身体测量项目，儿童身体测量方式也以直接的接触式测量进行。接触式测量可以进行比较精细和隐蔽部位的测量，但其不可避免地存在以下不利因素：

（1）按照测量知识和理论，测量必须以测量基准点为根本依据，而测量者和被测者双方的人为（生理）因素容易影响定位的准确。

（2）由于测量项目复杂，同时测量需要一定的技巧，这就需要由经验丰富的测量人员测量，否则容易出现较大的偏差。

（3）接触式测量会不同程度地影响被测量者的心情，从而影响测量的精度，而反复进行重复测量会出现前后不一致的问题，不利于数据的采集和分析。

（4）人体测量数据的获取、记录、挑错、整理、录入和处理需要大量的时间和人力，而且还会有再次出现人为错误的可能，影响整个测量项目的精度。

上述这些不利因素都要求测量项目的参与者经过严格、科学的测量培训，还应具有一定的实际人体测量经验。

2. 非接触式测量

随着数字化技术的发展，计算机与多媒体技术的融合成果已普遍应用于计算机辅助设计、辅助制造和企业信息系统中，同时也为人体测量的信息化进程奠定了基础。目前国内外使用的非接触式三维人体测量方式，以信息技术为基础，运用计算机采集人体表面三维数据并予以分析，快速得到人体测量数据。三维人体测量具有扫描时间短、精确度高、测量部位多等多种优点，但存在一定的测量死角。

二维人体测量是非接触式人体测量的主要种类之一，它应用摄影测量技术，摄取人体正面和侧面图像，通过对数字图像的处理直接获取人体高度、宽度、厚度等二维尺寸，但人体的胸围、腰围和臀围等围度尺寸则需要通过人体二维尺寸进行数学计算间接获得。二维人体测量虽然也有测量时间短、精确度较高、测量部位多等多种优点，但无法真实地再现人体的三维形态。

基于以上分析，进行儿童身体测量时，应选择合适的测量方法，有条件时可以将几种测量方法结合使用，取长补短，以取得更准确的数据。

三、儿童身体测量的基本姿势与着装

1. 儿童身体测量的基本姿势

儿童身体测量的基本姿势是直立姿势和坐姿，较小婴儿身体测量的基本姿势是仰卧。

直立姿势（简称立姿）是指被测者挺胸直立，头部以眼耳平面（通过左右耳屏点及右眼眶下点的水平面）定位，眼睛平视前方，肩部放松，上肢自然下垂，手伸直，手掌朝向体侧，手指轻贴大腿侧面，膝部自然伸直，左、右足后跟并拢，前端分开，使两足大致呈45°夹角，体重均匀分布于两足。为保持直立姿势正确，被测者应使足后跟、臀部和后背部与同一铅垂面相接触。

坐姿是指被测者挺胸坐在被调节到腓骨头高度的平面上，头部以眼耳平面定位，眼睛平视前方，左右大腿大致平行，大腿与小腿呈直角，足平放在地面上，手轻放在大腿上。为保持坐姿正确，被测者的臀部、后背部应同时靠在同一铅垂面上。

仰卧姿势是脸向上平躺，两腿并拢伸直，两臂自然放平。婴儿须有成人辅助保持正确的测量姿态。

2. 儿童身体测量时的着装

在进行儿童身体测量时，对于发育期的儿童，服装不要过分合体，而要有适度的松量，男女儿童应在一层内衣外测量。

四、儿童身体测量注意事项

（1）被测儿童要自然站立或端坐，双臂自然下垂，不低头，不挺胸。较小婴儿应仰卧于量床，头接触量床头板，两下肢并拢、伸直并紧贴量床的底板。

（2）软尺不要过松或过紧。测量长度方面的尺寸，量尺要垂直；测量宽度方面的尺寸，软尺应随人体的起伏进行测量，如测肩宽时，不能只测两肩端点之间的直线距离。测量围度方面的尺寸，量尺要水平、松紧适宜，既不勒紧，也不松脱，以平贴能转动为原则，水平围绕体表一周。

（3）儿童在测体时，身体容易移动，对于较小的儿童，以主要尺寸为主，如身高、胸围、腰围、臀围等，其他部位的尺寸通过推算获得。

（4）测量时通过基准点和基准线进行测量。如测胸围时，软尺应水平通过胸点；测臂长时，应通过肩端点、肘点和尺骨茎突点。儿童腰围线不明显，测量时准备细带子，在身体最细位置水平系好，这就是腰围线。若不好确定腰围最细处，可使孩子弯曲肘部，肘点位置在躯干上的对应处作为目标位。

（5）测量时注意手法，按顺序进行，一般从前到后、从左向右、自上而下地按部位顺序进行，以免漏测或重复。

（6）要观察被测者体型，对特殊体型者应加测特殊部位，并做好记录，以便制图时做相应的调整。

（7）要做好每一部位尺寸测量的记录，并使记录规范化。必要时附上说明或简单示意图，并注明体型特征。

五、儿童身体测量的部位、方法与据此确定服装尺寸

儿童身体测量的部位由测量目的决定，测量的目的不同，所需要测量的部位也不同。根据服装结构设计的需要，进行通体测量的主要部位大约有 17 个，如图 1-1 所示。

（1）身高——立姿赤足或只穿袜子，用人体测高仪测量自头顶至地面所得的垂直距离。

（2）胸围——水平围量胸部最大位置一周，软尺内能放进两个手指（约 1cm 的松量）所得到的尺寸。

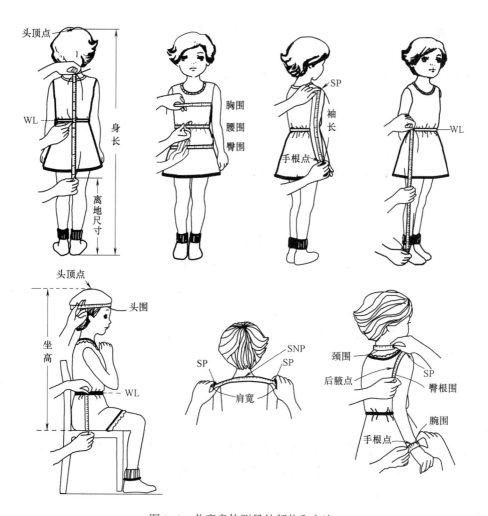

图 1-1　儿童身体测量的部位和方法

（3）腰围——水平围量腰部最细处一周，软尺内能放入两个手指（约1cm的松量）所得到的尺寸。

（4）臀围——水平围量一周臀部最丰满的位置（约低于腰围1/2背长），软尺内能放入两个手指（约1cm的松量）所得到的尺寸。

（5）背长——自第七颈椎点沿脊柱曲线量至腰围线的长度，应考虑一定的肩胛骨凸出的松量。

有时测量后腰节尺寸和前腰节尺寸，后腰节尺寸一般从侧颈点经背部量至腰部最细处，前腰节尺寸一般从侧颈点经胸高点量至腰部最细处。

（6）衣长——自后颈点量至服装所需长度。

（7）袖长——手臂自然下垂，自肩端点量至尺骨茎突点的长度。

（8）裙长——自腰围线量至裙长所需的长度。

（9）裤长——自腰围线量至裤装所需的长度。

（10）上裆——坐姿，从腰围线到椅子面的垂直距离。

（11）下裆——裤长 – 上裆长。

（12）头围——过头部前额中央，耳上方和后枕骨环绕一周，软尺内能放入两个手指所得到的尺寸。

（13）肩宽——经后颈点测量左右肩端点（SP）之间的距离。

（14）颈围——用软尺测量在第七颈椎处绕颈一周所得的尺寸，软尺应略微松些。

（15）臂根围——自腋下经过肩端点与前后腋点环绕手臂根部一周所得尺寸。

（16）腕围——经过尺骨茎突点将手腕部环绕一周测量所得长度，注意不要太紧。

（17）坐高——坐姿，自头顶点量至椅子面的垂直距离。

六、儿童特殊体型的测量

与成人相比，儿童中特殊体型较少，但仍然不可忽视这一类人群。要想使这些特殊体型者的服装外观美观，穿着舒适，其身体各部位特征的数据就更应该准确、详细。因此，在对特殊体型儿童的身体进行测量之前，必须根据他的形态进行认真的观察和分析，从前面观察胸部、腰部、肩部，从侧面观察背部、腹部、臀部，从后面观察肩部。对于特殊体型，除测量正常部位外，还需增加测量形体有"特征"之处。儿童特殊体型主要有以下几种：

1. 肥胖体型

肥胖儿童的体型特征是：全身圆而丰满，腰围尺寸大，后颈及后肩部脂肪厚，手臂围大。测量重点部位是肩宽、腰围、臀围、臂根围、颈围。

2. 鸡胸体体型

鸡胸体儿童的体型特征是：自胸部至腹部向前凸出，背部平坦，前胸宽大于后背宽，头部成后仰状态。测量重点部位是前腰节长、后腰节长、胸宽、背宽、颈围。

3. 肩胛骨挺度强的体型

肩胛骨挺度强的体型特征是：肩胛骨明显外凸。测量时需加测的部位是后腰节长、总肩宽。

4. 端肩体型

端肩体型特征是：肩平，重点测量部位是总肩宽、后背宽、臂根围、左右肩端点水平线和肩高点的垂直距离。

第二节 童装主要部位名称

服装各个部位的名称和术语应尽量规范和统一。但由于我国地域广阔，南北方言差异较大，再加上一些外贸用语的应用，致使少量名称术语存在同部位不同称谓的情况，所以其规范化是一项长期的工作。

下面列出童装主要种类及各主要部位的中文和英文名称。

一、上衣各主要部位名称（图1-2）

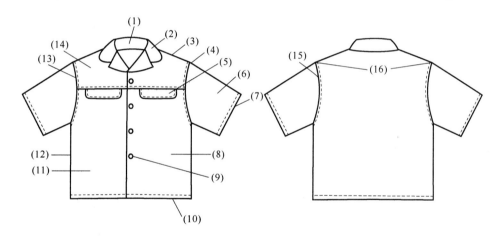

图1-2 上衣各部位名称

（1）——领座（Stand Collar） （2）——领面（Top Collar）

（3）——小肩（Small Shoulder） （4）——袖山（Sleeve Top/Sleeve Head/Crown）

（5）——袋盖（Flap） （6）——袖子（Sleeve）

（7）——袖口（Sleeve Opening） （8）——门襟，左前片（Top Fly, Left Front）

（9）——纽扣（Button） （10）——底边（Hem）

（11）——里襟，右前片 （12）——侧缝（Side Seam）

　　　（Under Fly, Right Front）

（13）——前袖窿（Front Armhole） （14）——前过肩（Front Yoke）

（15）——后袖窿（Back Armhole） （16）——总肩宽（Across Back Shoulder）

二、裙子各主要部位名称（图1-3）

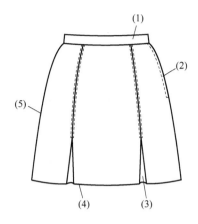

图 1-3 裙子各部位名称

（1）——腰头（Waistband）　　　　（2）——侧缝拉链开口（Said Opening）

（3）——暗褶（Inverted Pleat）　　　（4）——裙摆（Hem）

（5）——侧缝（Sead Seam）

三、裤子各主要部位名称（图1-4）

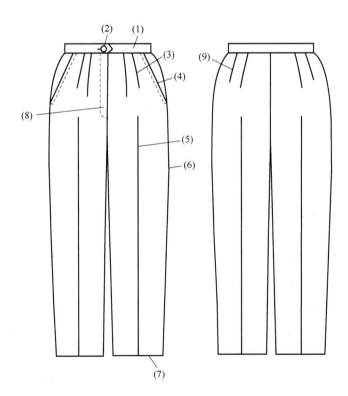

图 1-4 裤子各部位名称

（1）——腰头（Waistband）　　　　（2）——腰头扣（Waistband Button）

（3）——前腰褶（Front Waist Pleat）　（4）——斜插袋（Slant Pocket）

（5）——烫迹线（Crease Line）　　　（6）——侧缝线（Sead Seam）

（7）——裤脚（Leg Opening）　　　　（8）——裤门襟（Fly Facing）

（9）——后腰省（Back Waist Dart）

第三节　童装结构制图常用符号与部位代号

一、童装结构制图常用符号

服装结构制图常用符号是服装制图的重要组成部分，对标准样板的绘制、系列样板的缩放是起指导作用的技术语言。结构制图的符号有严格的规定，以保证制图格式的统一和规范。

童装结构制图常用符号见表1–1。

表1–1　童装结构制图常用符号

序号	符号形式	名称	说明
1		拉链	画在装拉链的部位
2		花边	花边的部位及长度
3	△　2	特殊放缝	与一般缝份不同的缝份量
4		斜料	用有箭头直线表示布料的经纱方向
5		单阴裥	裥底在下的褶裥
6		扑裥	裥底在上的褶裥
7		垂直	两部位相互垂直
8	○△□	等量号	尺寸相同符号
9		经向	单箭头表示布料经纱排放有方向性，双箭头表示布料经向排放无方向性
10		顺向	表示褶裥、省道、覆势等折倒方向（线尾的布料压在线头的布料之上）
11	⊗○	按扣	两者成凹凸状，且用弹簧加以固定
12		拼合	表示相关布料拼合一致
13		重叠	两者交叉重叠及长度相等

序号	符号形式	名称	说明
14		扣眼	两短线间距离表示纽眼大小
15		钉扣	表示钉扣的位置
16		单向褶裥	表示顺向褶裥自高向低的折倒方向
17		对合褶裥	表示对合褶裥自高向低的折倒方向
18		缉双止口	表示布边缉缝双道止口线
19		等分线	表示分成若干个相同的小段

注 在制图中，若使用其他制图符号或非标准符号，必须在图纸中用图和文字加以说明。

二、童装结构制图主要部位代号

在进行童装结构制图时，用部位代号代替文字和数字，可使图面清晰。童装结构制图主要部位代号见表1-2。

表1-2 童装结构制图主要部位代号

序号	中文	英文	代号	序号	中文	英文	代号
1	胸围	Bust Girth	B	9	肘线	Elbow Line	EL
2	腰围	Waist Girth	W	10	膝盖线	Knee Line	KL
3	臀围	Hip Girth	H	11	胸点	Bust Point	BP
4	领围	Neck Girth	N	12	颈肩点	Side Neck Point	SNP
5	胸围线	Bust Line	BL	13	肩端点	Shoulder Point	SP
6	腰围线	Waist Line	WL	14	袖隆	Arm Hole	AH
7	臀围线	Hip Line	HL	15	长度	Length	L
8	领围线	Neck Line	NL	16	头围	Head Size	HS

第四节　常见童装结构设计方法

儿童时期是人生中体型变化最快的阶段，从出生到少年，体型随年龄的增长而急剧变化，最后接近成人。儿童各个时期的体型特点不同，其服装结构设计的方法也有所不同。

一、原型法

（一）原型法结构设计的特点

原型法是一种间接的裁剪方法，首先需要绘制合乎人体体型的基本衣片，即"原型"。然后按款式要求，在原型上做加长、放宽、缩短等调整，以得到最终服装结构图。原型一般针对一个特定体型或者号型产生，有足够的针对性。这种方法相当于把结构设计分成两步：第一步是考虑人体的形态，绘制一个符合人体腰节以上部位曲面特征的基本衣片——母版；第二步是考虑款式造型的变化，以基本衣片为基础，根据款式要求进行各个部位的加长、放宽、开深等。这样，一旦原型建立好，结构设计就能很直观地在原型上做调整，减小了结构设计的难度。

一般常见的服装原型有美国式原型、英国式原型、法国式原型、日本式原型、韩国式原型等。仅日本就有五种原型：文化式原型、登丽美原型、田中原型、伊东式原型、拷梯丝式原型，其中日本文化服装学院创立的文化式原型，在我国高等院校服装设计专业普遍采用。原型裁剪最大的优势在于省道的转移。不论多复杂的款式，都可以用剪开推放、剪开拼合等手法完成符合服装造型的结构图，这是其他很多方法所不能相比的。原型法制图的主要特点如下：

1. 具有较广泛的通用性和体型覆盖率

对于特殊的体型，如较瘦和较胖的人，也可以制作出与立体型相符的原型。原型实质上就是把立体的人体表皮平面展开后，加上基础放松量而构成服装的基本型，即将复杂而立体的人体服装平面而简单化。原型在每款服装的结构中体现出人体与服装的关系，保障服装结构最基本的合体性。

2. 量体尺寸少

由于原型的设计理论比较严谨，拥有大量的数据基础，所以制作原型时所需测量的部位数据较少，如上衣原型仅需要净胸围、背长、袖长三个部位的数据。

3. 制图公式容易记忆

制作原型时需要记忆的公式不到十条，易学易记。在之后使用原型设计服装结构时，不再需要公式，不会束缚设计思维。

4. 制图快

制图快是文化式原型法突出的优点。掌握了应用原型的方法，无论何种类别的服装（内衣、外衣、大衣），无论何种造型的服装（从紧身到宽松），只要人体号型一样，均可使用同一号原型进行设计。在原型的基础上，适当地增减数据，不断地从立体到平面，从平面到立体，反复思考，便可获得不同的造型。

此外，在制图时以净体尺寸作为基础，与我国服装业传统的规格体制不太相符。同时以立体裁剪作为基础，绘图步骤多。

（二）儿童服装原型

1. 童装原型各部位名称

为制图方便，应确定原型衣身和衣袖各部位的名称。衣身与衣袖各部位的名称如图1-5、图1-6所示。

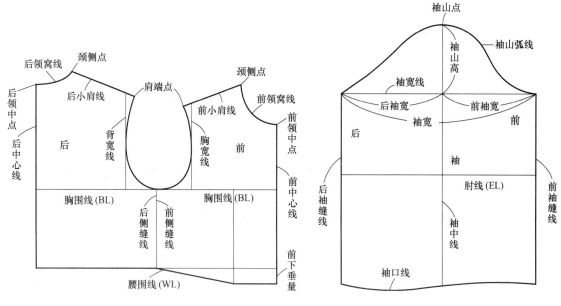

图 1-5　童装原型衣身各部位名称　　　　图 1-6　童装原型衣袖各部位名称

2. 童装衣身原型的绘制

衣身原型是以胸围和背长的尺寸为基准，各部位的尺寸是根据胸围为基础的计算尺寸或固定尺寸而得到的，但人体的胸宽、背宽、头围等尺寸并不一定完全是与胸围尺寸成比例的，对于特殊体型的儿童，还需要具体测量各部位的尺寸进行制图。

（1）作基础线。

①作矩形。以背长为高，以 $B/2+7cm$（放松量）为长作矩形。矩形右边的线为前中心线，左边的线为后中心线。儿童服装原型中的放松量为 14cm，大于成人，以适应儿童的生长发育和活泼好动的特点。

②作胸围线。自矩形上平线向下 $B/4+0.5cm$ 的尺寸作胸围线。肥胖儿童的胸围大，袖窿深 $B/4+0.5cm$ 也大，胸围线低；瘦小儿童的胸围小，袖窿深 $B/4+0.5cm$ 也小，胸围线高。因此，特体儿童应调整胸围线的位置，胸围尺寸较小时，应降低胸围线；胸围尺寸较大时，应提高胸围线。

③作侧缝线。自胸围线中点向矩形下边线作垂线为侧缝线。

④作背宽线、胸宽线。将胸围线三等分，后 1/3 点向侧缝线方向移 1.5cm，作矩形上边线的垂线为背宽线，前 1/3 点向侧缝线方向移 0.7cm，作矩形上边线的垂线为胸宽线。从制图中可以看到，由于手臂运动幅度的原因，背宽比胸宽略宽一些。

童装原型衣身基础线制图如图 1-7 所示。

（2）作轮廓线。

①作后领口弧线。在上平线上，自后中心点量取 $B/20+2.5cm$ 的尺寸为后领宽，在后领宽处作垂线，取后领宽 1/3 的尺寸为后领深，用○表示，定出侧颈点，后领口弧线是从交点起与上平线重叠 1.5～2cm，再与侧颈点圆顺画弧。

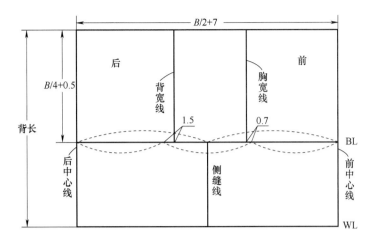

图 1-7　童装原型衣身基础线制图

②作后肩斜线。在背宽线上，自上平线向下取 1/3 后领宽○，过此点作水平线，并向外取 1/3 后领宽 -0.5cm，即○ -0.5cm 的尺寸，用直线连接此点和侧颈点为后肩斜线。

③作前领口弧线。取前领宽 = 后领宽◎，前领深 = 后领宽◎ +0.5cm，作矩形，连接对角线，在对角线上○ +0.5cm 处取点，过此点、侧颈点、前中心点绘制前领口弧线。

④作前肩斜线。自胸宽线与上平线的交点向下○ +1cm 的尺寸取点，与侧颈点连接。在连接线上，取后肩长■ -1cm 作为前肩斜线的长度，1cm 的差是为了适应儿童背部的圆润与肩胛骨的隆起而设的必要的量，用缩缝或省的形式处理。

⑤作前后袖窿弧线。后袖窿弧线第一辅助点：背宽线上后肩点的水平点到胸围线的二等分点；第二辅助点：在背宽线与胸围线的角平分线上，量取背宽线到侧缝线距离的 1/2。前袖窿弧线第一辅助点：前肩线与胸宽线的交点到胸围线的二等分点；第二辅助点：在胸宽线与胸围线的角平分线上量取后袖窿弧线第二辅助点尺寸 -0.5cm。用圆顺曲线连接前后肩端点、各个辅助点和侧缝胸围点。

⑥作腰节线。自前中心线下端向下延长○ +0.5cm 的尺寸，水平绘至 1/2 胸宽线的位置，并与侧缝点连接。童装原型衣身轮廓线制图如图 1-8 所示。

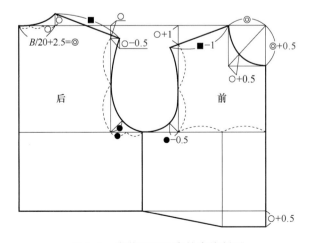

图 1-8　童装原型衣身轮廓线制图

⑦检查领口弧线和袖窿弧线。前后片原型对齐侧颈点，重合肩线，检查领口弧线是否圆顺，如图 1-9 所示。前后片原型在肩点处对齐，重合肩线，检查袖窿弧线在肩部是否圆顺，如图 1-10 所示。

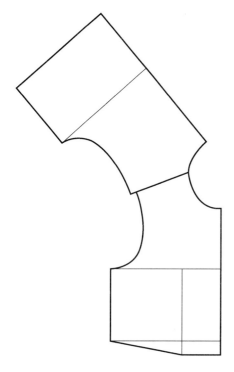 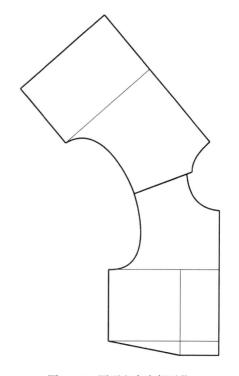

图 1-9　原型衣身领口处对位　　　　　　　图 1-10　原型衣身肩部对位

3. 童装袖原型的绘制

袖原型是袖子制图的基础，是应用广泛的一片袖，可配合服装种类与款式设计来使用。绘制袖原型必需的尺寸为衣身原型中前袖窿尺寸、后袖窿尺寸与袖长尺寸。童装袖原型基础线和轮廓线的作图方法分别如图 1-11、图 1-12 所示。

（1）确定袖山高。根据儿童年龄的不同，袖山高采用不同的计算方法，1～5岁取 $AH/4+1cm$，6～9岁取 $AH/4+1.5cm$，10～12岁取 $AH/4+2cm$。同样的袖窿尺寸，袖山高度降低，袖肥变大，运动机能增强；袖山高度升高，袖肥尺寸变小，形状好看，但运动机能较差。幼儿需要充足的运动机能，所以袖山高度降低，随年龄的增长，袖窿尺寸变大，袖山高也相应增加。

（2）作袖口线。自袖山 A 点量取袖长尺寸作水平线。

（3）确定袖肥尺寸，并作袖缝线。自袖山 A 点分别向袖山深线作斜线，前袖山斜线长为前 $AH+0.5cm$，后袖山斜线长为后 $AH+1cm$，过此两点分别向袖口线作垂线。

（4）作袖肘线。自袖山 A 点量取袖长 $/2+2.5cm$，作水平线。

（5）作袖山弧线。把前袖山斜线四等分，过上下 1/4 等分点的凸量和凹量分别为 1～1.3cm 和 1.2cm；在后袖山斜线上，自 A 点量取 1/4 前袖山斜线的长度，外凸量为 1～1.3cm。

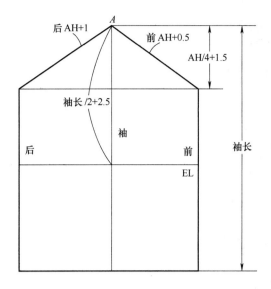
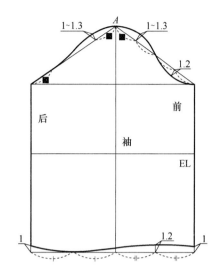

图 1-11　童装袖原型基础线制图　　　　　图 1-12　童装袖原型轮廓线制图

分别过前袖宽点、前袖窿凹点、前袖山斜线 1/2 点、前袖窿凸点、A 点、后袖窿凸点、后袖宽点作袖山弧线。

（6）作袖口弧线。在前后袖缝线上，自袖口点分别向上量取 1cm，前袖口 1/2 处内凹 1.2cm。过前袖缝线 1cm 点、前袖口凹点、后袖口 1/2 点和后袖缝 1cm 点作袖口弧线。

（三）少女服装原型

以初中到高中低年级女学生为对象的服装，称为少女服装。这个年龄段处于学童期和成人之间，是身体和思想发育显著时期，在设计上应不失学生的清纯与个性，且应与体型相协调。少女因为发育的状态，其体型与儿童和成年女子均不相同，所以，少女服装原型也不同于儿童和成年女子的原型。少女服装原型的制图方法如下：

1. 少女服装衣身原型的绘制

（1）作基础线。

①作矩形。以背长为高，以 B/2+6cm（放松量）为长作矩形。少女服装原型中的放松量为 12cm，大于成人，小于儿童，以适应少女正在发育的体型特点。

②作胸围线。自矩形上平线向下 B/6+7cm 的尺寸作胸围线。

③作侧缝线。自胸围线中点向矩形下边线作垂线为侧缝线。

④作背宽线、胸宽线。在胸围线上，分别从后、前中心线起取 B/6+4.5cm 和 B/6+3cm 作上平线的垂线，两线分别为背宽线和胸宽线。

少女服装原型基础线制图如图 1-13 所示。

（2）作轮廓线。

①作后领口弧线。在上平线上，自后中心点量取 B/20+2.7cm 的尺寸为后领宽，在后领宽处作垂线，取后领宽 1/3 的尺寸为后领深，用 ‖ 表示，定出后侧颈点，后领口弧线是从交点起与上平线重叠 1.5 ～ 2cm，再与侧颈点圆顺画弧。

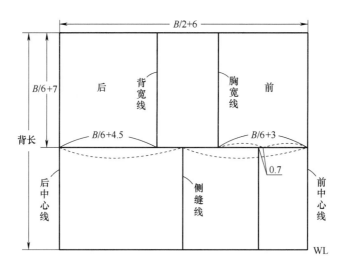

图 1-13　少女服装原型基础线制图

②作后肩斜线。在背宽线上，自上平线向下取 1/3 后领宽 ‖，过此点作水平线，并向外取 2cm，直线连接此点和侧颈点为后肩斜线。

③作前领口弧线。取前领宽 = 后领宽◎，前领深 = 后领宽◎ +1cm，作矩形，连接对角线，在对角线上◎ +0.3cm 处取点，过此点、侧颈点、前中心点绘制前领口弧线。

④作前肩斜线。自胸宽线与上平线的交点向下取 2 个后领深的尺寸，与侧颈点连接。在连接线上，取后肩长△ −2cm 作为前肩斜线的长度。

⑤作前后袖窿弧线。后袖窿弧线第一辅助点：背宽线上后肩点的水平点到胸围线的二等分点；第二辅助点：在背宽线与胸围线的角平分线上，量取背宽线到侧缝线距离的 1/2+0.2cm 的尺寸。前袖窿弧线第一辅助点：前肩线与胸宽线的交点到胸围线的二等分点；第二辅助点：在胸宽线与胸围线的角平分线上量取后袖窿弧线第二辅助点尺寸 −0.5cm。用圆顺曲线连接前后肩端点、各个辅助点和侧缝胸围点。

⑥作胸高点（BP 点）、腰节线和侧缝线。在胸围线上取胸宽的中点，向侧缝方向偏移 0.7cm 作垂线，其下 3cm 处为胸高点。自前中心线下端向下延长 1/3 前领深的尺寸，水平绘至胸高点所在的垂线，并与侧缝点连接。少女服装原型轮廓线制图如图 1-14 所示。

2. 少女服装袖原型的绘制

少女服装袖原型基础线和轮廓线的制图分别如图 1-15、图 1-16 所示。

（1）确定袖山高。自袖山 A 点向下取 AH/4+2.5cm 作水平线，该线为袖山深线。

（2）作袖口线。自袖山 A 点量取袖长尺寸

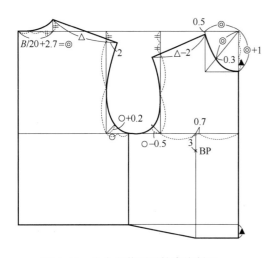

图 1-14　少女服装原型轮廓线制图

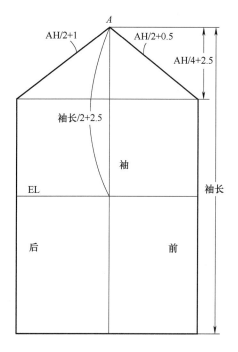

图 1-15　少女服装袖原型基础线制图

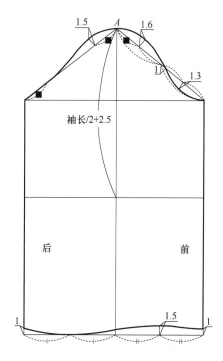

图 1-16　少女服装袖原型轮廓线制图

作水平线。

（3）确定袖肥尺寸，并作袖缝线。自袖山 A 点分别向袖山深线作斜线，前袖山斜线长为 AH/2+0.5cm，后袖山斜线长为 AH/2+1cm，过此两点分别向袖口线作垂线。

（4）作袖肘线。自袖山 A 点量取袖长 /2+2.5cm，作水平线。

（5）作袖山弧线。把前袖山斜线四等分，靠近顶点的等分点处与斜线垂直向外凸起 1.6cm，靠近前袖缝线的等分点向内垂直斜线凹进 1.3cm，在斜线中点顺斜边下移 1cm 为前袖山 S 曲线的转折点。在后袖山斜线上，靠近顶点处取前袖山斜线 1/4 长度凸起 1.5cm，靠近后袖缝线处取其同等长度作为切点。圆顺地连接袖山弧线的各点，完成袖山弧线。

（6）作袖口弧线。在前后袖缝线上，自袖口点分别向上量取 1cm，前袖口 1/2 处内凹 1.2cm。过前袖缝线 1cm 点、前袖口凹点、后袖口 1/2 点和后袖缝 1cm 点作袖口弧线。

二、比例法

比例法是一种比较直接的平面结构制图形式，是在测量人体主要部位尺寸后，根据款式、季节、材料质地和穿着者的习惯，加上适当放松量得到服装各控制部位的成品尺寸，再以这些控制部位的尺寸按一定比例推算出其他细部尺寸，来绘制服装结构图，甚至直接在面料上制图裁剪。这种方法适用于结构简单、款式固定、变化小的服装，比如衬衣、各行业的制服及平面感较强的宽松服装。这些款式的制板方法如果用原型法就显得有些麻烦，运用比例法既能降低成本，又能提高工作效率。比例法是我国服装行业中一种传统的制图方法，如今我国很多服装企业仍在使用。比例法的主要特点如下：

（1）比例法减少了绘图步骤，对尺寸的控制更直接，绘图方便，可以直接在面料上制图裁剪。

（2）比例法是人们长期实践的结果，规律性较强，对于初学者入门较快。

（3）比例法采用的是成品规格尺寸，是以衣片为本的思考方法，该方法限制了对人体的深入研究。

（4）用成品规格尺寸推算其他部位，虽然比例协调，但难免会出现误差。

因为童装相对成人装比较宽松，对服装的合体性并不是十分严格，因此比例法在童装结构设计中的应用非常广泛。

三、短寸法

短寸法是我国服装业在 20 世纪 60 ~ 70 年代所使用的一种方法，即先测量人体各部位尺寸，如衣长、胸围、肩宽、袖长、领围等，然后加量胸宽、背宽、背长、腹围等多种尺寸，根据所测量的尺寸逐一绘制出衣片相应部位。短寸法所测量的部位较多，在较小儿童中应用不是特别方便。在日本、英国等几个国家，儿童身体各个部位的测量尺寸比较具体，直接采用各个部位的尺寸制图，方便快捷。

第五节　儿童生长发育特点与着装差异

一、婴儿期

（一）体型特征

婴儿期头大，颈短，肩部浑圆，无明显肩宽；上身长，下肢短，胸部、腹部凸出，背部曲率小，腿型多呈 O 形。

颈部长度约为身长的 2%，上身长度约为 2 ~ 2.5 头身，下肢长度约为 1 ~ 1.5 头身，全身长由出生时的 4.14 个头长，增加到 1 岁时的 4.3 个头长，约为 80cm，1 岁时胸围约为 49cm，腹围约为 47cm，几乎没有胸腰差异，手臂长约为 25cm，上裆长约为 18cm。

（二）动作特征

0 ~ 3 个月婴儿醒的时间比较少，基本是仰卧姿势，多数情况下上肢与躯体呈接近垂直的状态；影响全身的运动量少，运动时间比较短。

4 ~ 6 个月婴儿醒的时间与运动时间大幅增加，能够翻身，俯卧能够举起头和肩。上肢可向前方举起，下肢股关节能够弯曲，手脚运动增加，6 个月婴儿可以匍匐爬行。

7 ~ 12 个月婴儿各种动作开始具有意向性，可做扭转运动，会坐，咿呀学语，扶着东西可以站起来，运动量、活动半径大幅增加。

（三）心理特征

婴儿的心理是在生活环境中，不断接受外界刺激和大脑皮质分析综合机能逐渐完善的基础上发展起来的。刚出生的婴儿大部分时间处于睡眠状态，随着年龄的增加，其感知能力也在增加，婴儿对一切事物都会感觉好奇。到 6 ~ 8 个月，婴儿有了记忆力和观察力，开始探究周围世界，有了一些动作能力，能够同时注意到人和物，有欢乐、好奇、恐惧、失望、无聊等情感，能听懂一些话语，能指认物品和学过的常见字和人，对父母特别依恋。9 ~ 12 个月，婴儿继续发展各种情感，同时恐惧感增加。

（四）着装特点

婴儿皮肤娇嫩，容易因外界刺激而受伤，生理器官处于发育阶段；汗腺发育不完全，导致自身调节体温的能力较弱，对冷热变化的适应能力较差，因此需要有合适的服装来帮助其完成体温的调节。

婴儿服装款式应简洁宽松，易于穿脱，以方便舒适为主；造型上需要有适当的放松度，以便适应发育生长；服装色彩以明亮但不刺目为佳，如粉红、嫩黄、湖蓝等；面料宜选择柔软、透气、吸湿性好的纯棉针织物，以减少湿疹等皮肤炎症；由于婴儿睡眠时间长，结构上应尽量减少绱缝线，不宜设计有腰节线和育克的服装，也不宜在衣裤上设计橡筋；为防止肚脐受凉，最好是连身衣裤；在工艺上，能用绳带连接的就不用纽扣，尽量避免使用拉链。总之，舒适、方便是婴儿服装的设计原则。

二、幼儿期

（一）体型特征

幼儿体型处在不断地变化之中，身长增长显著，1 ~ 3 岁每年增长约 10cm，4 ~ 6 岁每年增长约 5cm，即从 2 岁时的 4.5 头身，增加到 5 岁时的 5.5 头身；颈部形状逐渐明显，并变得细长，到 5 岁时，颈部长度约为身长的 4.8%；肩部厚度减小，有明显的肩宽。

胸围每年增长约 2cm，腰围每年增长约 1cm，腹部凸出逐渐减小，背部曲率增大，上肢每年增长约 2cm，下肢增长较快，尤其是大腿的长度增长显著，到 5 岁时，下肢长约为 2 头身，上裆长每年增长约 1cm，两腿逐渐变直，O 形腿基本消失。

（二）动作特征

1 ~ 3 岁幼童逐渐能走能跑，平衡感逐渐发达，并且手指灵活，逐步学会系扣、穿衣。

3 ~ 6 岁学龄前儿童活泼、好动，手脚活动频率增大，可以做多种动作和游戏。

（三）心理特征

1 ~ 3 岁幼童对自己感兴趣的事情能集中注意力，但生活自制力较差。

3 ~ 6 岁学龄前儿童逐步确立自我，表现出自己的性格特点，做事积极性提高，能力增加，热爱大自然，并有了很高的接受知识的能力和理解力。

（四）着装特点

1 ~ 3 岁幼童服装设计仍然要以注重孩子的形体特征为主，腰部不能太紧，少用腰线。袖口、裤口尺寸要适当留出余量，以适应幼童成长需要。为了便于幼童自己穿、脱衣服，最好在前面开襟，且纽扣不宜过多过小。裙长不宜过长，应在膝盖以上，一方面利用视错觉造成下肢增长的感觉，另一方面便于幼童活动。裤子立裆要略深，在运动时不致滑落，而且利于生长。由于幼童的颈部较短，领子应平坦而柔软，不宜在领口设计烦琐的领型和装饰复杂的花边。

面料选择中，内衣仍以柔软、透气为主，外衣面料要易洗易干，尽量轻薄。图案装饰中，构图简练，线条清晰，色块明亮。

4～6岁学龄前儿童胸围、腰围仍然没有太大差异，因此款式造型以宽松休闲为主，腰部不宜太紧。袖口、裤口尺寸要合适，以免影响幼童的游戏与运动，同时还要适当留出余量。外衣面料要易洗易干，尽量轻薄。在服装上可装饰具有趣味性、知识性、思想性的图案，还可配有绳边、镶嵌、抽褶等工艺。背包、帽子、围巾等饰物可作为儿童必备的配饰。总之，这一阶段的童装以协调、美观、增强知识性为主。

三、学童期

（一）体型特征

学童期儿童身高显著增加，每年增长约5cm，到12岁时，男童全身长逐渐增加到6.6头身左右，女童全身长达到6.9头身左右；颈部长度继续增加，约为身长的5%；胸围每年增长约2cm，腰围每年增长约1cm，腹部凸出继续减小，上肢长每年增长约2cm，下肢长度约增长约为3头身，上裆长男童每年增长约0.4cm，女童每年增长约0.6cm。8岁之前的儿童没有男女体型的差异，8岁之后，男女儿童体型差异开始显现。

（二）动作特征

随着年龄的增加，学童逐渐脱离幼稚的感觉，男女性别差异表现明显，尤其到高年级，男童活泼好动，女童表现出文静的个性。

（三）心理特征

学童期儿童逐渐脱离了幼稚感，有一定的想象力和判断力，但尚未形成独立的观点。他们渴望模仿成人的装束和举止，活动力极强，男童天真顽皮，女童娇柔可爱，并喜欢独立思考。这一时期儿童智力开始从具体形象思维过渡到抽象逻辑思维，因此要注意多设计一些富有知识性和幻想性的服饰图案。

（四）着装特点

学龄期儿童的服装色彩可以贴近成人服装色彩的流行趋势，风格变化也相应增多。款式上可多借鉴成人运动装中的简洁风格，连帽的运动休闲装、夹克衫、长裤短裤配衬衫马夹等类似的装束比较适合。这一时期儿童主要是校园生活，因此应考虑服装上下装的可调节性和组合性。儿童的活动量较大，从工艺上分析，袖肘、双膝和臀部很容易磨破，可在这些部位增加补布，或进行贴绣装饰，并在边缘部位缉缝明线，起到加固和装饰的作用。

四、中学生期

（一）体型特征

中学生期处于人体生长发育的第二个高峰期，以身高的迅速增长为主要特征，全身长增加为7～8个头身，男童每年增长约5cm，女童每年增长由5cm逐渐减少为1cm。这一时期儿童骨化过程已基本完成，肌肉力量明显增大，比学童期有更大的力量和耐久力，因而发育已基本完成，身高、体重、体型及身体各个部位的比例与成年人十分相似。

（二）动作特征

中学生期是少年期逐渐向青春期转变的时期，紧张而单调的学习需要强健的体魄，滑雪运动、水上游戏、徒步跋涉和假日休闲旅游等，均激活了这一时期孩子的心灵和情趣。

（三）心理特征

中学生生理变化显著，心理上也比较注意自身的发育，情绪易于波动，喜欢表现自我，容易接受文化影响，是一个动荡不定的时期。

（四）着装特点

中学生服装款式要设计得简洁大方、适体合身，以突出体现时代潮流。其主要款式有：适合时代潮流的多功能套装、牛仔装系列，以实用性能为基础的运动便装，以及以时尚、休闲为主的休闲系列等。受到休闲运动的影响，休闲运动装也备受中学生的青睐。

校服是这一年龄段儿童穿着的主要服装，现在大多数中学校服采用深蓝色，给校园增添了庄重和宁静的气氛。中学校服在款式和用色及装饰方面可以丰富一些，用色方面以素雅为主，款式以宽松为宜，如果颜色过于艳丽，款式过于暴露，对青春期发育的中学生的视觉和学习环境都会带来不利的影响。款式宽松有利于中学生的生长发育，也适宜于他们运动强度的增加。校服在衣领、口袋、腰带、裙边、袖摆等处可变化多样，这些部位可与服装主体颜色相差别，并设计成不同的样式和图案。设计时，男装要体现出一种阳刚之气和青春活力，女装力求文雅秀美，使中学校园充满朝气，又不失庄重的学习氛围。

第六节　童装号型与规格设计

服装号型是服装设计与制板的基础，用于指导服装规格的确定及纸样的放缩。

一、我国儿童服装号型系列

我国儿童服装号型执行标准是 GB/T 1335.3—2009，该标准包含了身高 52 ~ 80cm 的婴儿号型系列、80 ~ 130cm 的儿童号型系列、135 ~ 155cm 的女童和 135 ~ 160cm 的男童号型系列。由于儿童胸围、腰围等部位处于不断发育变化的状态，因此儿童无体型分类。

（一）号型的定义和标志

1. 号型的定义

号——指人体的身高，以厘米（cm）为单位表示，是设计和选购服装长短的依据。

型——指人体的胸围或腰围，以 cm 为单位表示，是设计和选购服装肥瘦的依据。

2. 号型标志

童装号型标志是号 / 型，表明所采用该号型的服装适用于身高和胸围（或腰围）与此号相近似的儿童。例如，上装号型 140/64，表明该服装适用于身高 138 ~ 142cm、胸围 62 ~ 65cm 的儿童穿着；下装号型 145/63，表示该服装适用于身高 143 ~ 147cm、腰围 62 ~

64cm 的儿童穿着。

（二）我国儿童服装号型系列表

（1）身高 52 ~ 80cm 的婴儿，身高以 7cm 分档，胸围以 4cm 分档，腰围以 3cm 分档，分别组成 7·4 系列和 7·3 系列。上装号型系列见表 1–3，下装号型系列见表 1–4。

表1–3　身高52~80cm婴儿上装号型系列表　　　　　单位：cm

号	型		
52	40		
59	40	44	
66	40	44	48
73		44	48
80			48

表1–4　身高52~80cm婴儿下装号型系列表　　　　　单位：cm

号	型		
52	41		
59	41	44	
66	41	44	47
73		44	47
80			47

（2）身高 80 ~ 130cm 的儿童，身高以 10cm 分档，胸围以 4cm 分档，腰围以 3cm 分档，分别组成 10·4 和 10·3 系列。上装号型系列见表 1–5，下装号型系列见表 1–6。

表1–5　身高80~130cm儿童上装号型系列表　　　　　单位：cm

号	型				
80	48				
90	48	52	56		
100	48	52	56		
110		52	56		
120		52	56	60	
130			56	60	64

表1-6　身高80～130cm儿童下装号型系列表　　　单位：cm

号	型				
80	47				
90	47	50			
100	47	50	53		
110		50	53		
120		50	53	56	
130			53	56	59

（3）身高135～160cm的男童，身高以5cm分档，胸围以4cm分档，腰围以3cm分档，分别组成5·4和5·3系列。上装号型系列见表1-7，下装号型系列见表1-8。

表1-7　身高135～160cm男童上装号型系列表　　　单位：cm

号	型				
135	60	64	68		
140	60	64	68		
145		64	68	72	
150		64	68	72	
155			68	72	76
160				72	76	80

表1-8　身高135～160cm男童下装号型系列表　　　单位：cm

号	型				
135	54	57	60		
140	54	57	60		
145		57	60	63	
150		57	60	63	
155			60	63	66
160				63	66	69

（4）身高135～155cm的女童，身高以5cm分档，胸围以4cm分档，腰围以3cm分档，分别组成5·4和5·3系列。上装号型系列见表1-9，下装号型系列见表1-10。

表1-9　身高135～155cm女童上装号型系列表　　　单位：cm

号	型				
135	56	60	64		
140		60	64		

续表

号	型					
145			64	68		
150			64	68	72	
155				68	72	76

表1–10　身高135～155cm女童下装号型系列表　　　　单位：cm

号	型					
135	49	52	55			
140		52	55			
145			55	58		
150			55	58	61	
155				58	61	64

（三）我国儿童服装号型系列控制部位数值及分档数值

控制部位数值是人体主要部位的数值（系净体数值），是设计服装规格的依据。长度方向有身高、坐姿颈椎点高、全臂长和腰围高四个部位，围度方向有胸围、颈围、总肩宽、腰围和臀围五个部位。在我国服装号型中，身高80cm以下的婴儿没有控制部位数值。儿童控制部位的测量方法如图1–17所示。

图1–17　儿童控制部位的测量方法
①—身高　②—坐姿颈椎点高　③—全臂长　④—腰围高　⑤—胸围　⑥—颈围
⑦—总肩宽（后肩弧长）　⑧—腰围（最小腰围）　⑨—臀围

1. 身高 80 ~ 130cm 儿童控制部位的数值

（1）长度方面的数值见表1-11。

表1-11 80~130cm儿童长度方面控制部位数值 　　　　单位：cm

部位	数值　　　号	80	90	100	110	120	130	分档数值
长度	身高	80	90	100	110	120	130	10
	坐姿颈椎点高	30	34	38	42	46	50	4
	全臂长	25	28	31	34	37	40	3
	腰围高	44	51	58	65	72	79	7

（2）围度方面的数值见表1-12、表1-13。

表1-12 80~130cm儿童上装围度方面控制部位数值 　　　　单位：cm

部位	数值　　　型	48	52	56	60	64	分档数值
围度	胸围	48	52	56	60	64	4
	颈围	24.2	25	25.8	26.6	27.4	0.8
	总肩宽	24.4	26.2	28	29.8	31.6	1.8

表1-13 80~130cm儿童下装围度方面控制部位数值 　　　　单位：cm

部位	数值　　　型	47	50	53	56	59	分档数值
围度	腰围	47	50	53	56	59	3
	臀围	49	54	59	64	69	5

2. 身高 135 ~ 160cm 男童控制部位的数值

（1）长度方面的数值见表1-14。

表1-14 135~160cm男童长度方面控制部位数值 　　　　单位：cm

部位	数值　　　号	135	140	145	150	155	160	分档数值
长度	身高	135	140	145	150	155	160	5
	坐姿颈椎点高	49	51	53	55	57	59	2
	全臂长	44.5	46	47.5	49	50.5	52	1.5
	腰围高	83	86	89	92	95	98	3

（2）围度方面的数值见表1-15、表1-16。

表1-15　135～160cm男童上装围度方面控制部位数值　　　　单位：cm

部位	数值　　型	60	64	68	72	76	80	分档数值
围度	胸围	60	64	68	72	76	80	4
	颈围	29.5	30.5	31.5	32.5	33.5	34.5	1
	总肩宽	34.5	35.8	37	38.2	39.4	40.6	1.2

表1-16　135～160cm儿童下装围度方面控制部位数值　　　　单位：cm

部位	数值　　型	54	57	60	63	66	69	分档数值
围度	腰围	54	57	60	63	66	69	3
	臀围	64	68.5	73	77.5	82	86.5	4.5

3. 身高135～155cm女童控制部位的数值

（1）长度方面的数值见表1-17。

表1-17　135～155cm女童长度方面控制部位数值　　　　单位：cm

部位	数值　　号	135	140	145	150	155	分档数值
长度	身高	135	140	145	150	155	5
	坐姿颈椎点高	50	52	54	56	58	2
	全臂长	43	44.5	46	47.5	49	1.5
	腰围高	84	87	90	93	96	3

（2）围度方面的数值见表1-18、表1-19。

表1-18　135～155cm女童上装围度方面控制部位数值　　　　单位：cm

部位	数值　　型	60	64	68	72	76	分档数值
围度	胸围	60	64	68	72	76	4
	颈围	28	29	30	31	32	1
	总肩宽	33.8	35	36.2	37.4	38.6	1.2

表1-19 135～155cm女童下装围度方面控制部位数值　　　　单位：cm

部位 \ 型 \ 数值		52	55	58	61	64	分档数值
围度	腰围	52	55	58	61	64	3
	臀围	66	70.5	75	79.5	84	4.5

二、童装规格设计

所谓童装规格设计，是在考虑童体和服装之间的关系上，采用定量化形式表现服装的款式造型特征、品牌用途、穿着对象体型特征的重要技术设计内容。

成衣的规格设计是以国家号型标准为依据，以服装款式样品为标准，设计制定出系列的号型标准及相关各部位的规格尺寸，建立相应的加工数据和成品尺寸，为服装样板师及生产部门提供科学、合理的操作依据。在这项工作中，由于成衣的规格尺寸是直接指导制板与批量生产的技术标准，且具有经验性、复杂性的特点，又由于儿童各不同年龄段体型的不同，长期以来一直没有规范的操作标准和理论体系，而国家颁布的童装号型标准也只能作为了解我国儿童体型特征，制定大众品牌号型标准的参考依据。童装的规格设计要从不同年龄段儿童的体型特征、童装的款式特点及使用的面料特性来着手，掌握其变化规律和特性，在实践中建立一套科学、合理的理论依据，从而指导各年龄段童装规格尺寸的制定。

（一）影响童装规格设计的因素

1. 儿童体型特征影响规格设计

儿童的成长过程分为婴儿期、幼儿期、学童期、少年期，每个时期的儿童都有明显的体型特征和着装偏好，在进行规格设计时，应充分了解其体型特征和动态活动规律，为设计成衣规格尺寸建立最初的依据。例如，在设计上衣和连衣裙胸围规格尺寸时，1～3岁的儿童加放松量为14cm，4～9岁的儿童加放松量为12cm，10岁以上的儿童采用成人加放松量10cm。

2. 服装款式造型影响规格设计

童装批量生产设计规格尺寸时，款式造型特点是放在第一位要考虑的，款式造型特点主要从款式和造型两方面来体现。

（1）服装款式。款式是服装的本体，它是由线的性质决定的。线组合形成面，面与面相交形成体，直到形成最后的服装造型。服装的结构线包括省道线、公主线、袖缝线、各种分割线、折裥线等内部结构线，其作用在于体现服装的特定风格和轮廓造型。每一条结构线都对服装轮廓的完美实现起着帮助和烘托作用，且具有装饰性或功能性的作用。而各部位规格尺寸的设计，就要依照款式造型线的特点来制定。例如，一件无领无袖有公主线的连衣裙，各部位线的设定直接影响着规格尺寸：公主线除了作为装饰外，还具有收省、收腰的作用；袖窿部位由于是无袖，构成袖窿线的肩宽、前胸宽、后背宽三个部位的规格尺寸要比人体原型尺寸减小，量的大小依照款式的设计来定，而袖窿深的规格尺寸要依照人体原型尺寸；领子部位的规格尺寸要根据设计的领深、领宽和领口造型来确定，在不得小于颈根围和大于肩宽尺寸的范围内，充分满足款式的需要。因此，在制订系列号型规格尺寸时，要考虑款式特点。

（2）服装造型。服装造型就是抛开服装内部的一切装饰，单纯地看它外部轮廓的形状，或者说外部轮廓线与服装结构的缝合线组合构成的立体的"型"。服装造型可以适应人的体型，也可以改变或夸张人体本来的形态，创造出不同的视觉形象。童装中经常看到的 H 型、O 型、X 型、A 型等不同的服装廓型，其规格尺寸在加放量上都有不同程度的调整。例如，一件 A 型的外套，肩宽的加放量就应减小，下摆成比例地适当放大，胸围、腰围、胸宽等部位的规格尺寸应介于肩宽和下摆之间，以突出 A 型的外观造型；而 X 型的外套，为了表现收腰的效果，其腰围的加放量应减小（但应满足基本呼吸量和活动量），肩宽和下摆的加放量适当加大，充分突出服装的轮廓造型。

总之，服装的规格尺寸是款式造型的有机组成部分，同一号型不同的款式造型的服装会产生不同的规格尺寸。

3. 面料特性影响规格设计

在当今面料市场日新月异的发展过程中，各类不同质地、不同外观、不同性能的面料层出不穷，冲击着童装业的发展。各种面料由于原材料不同，其织造工艺、后处理工艺也不同，分别具有各自特有的性能和特征。款式相同而面料不同的服装，各部位规格尺寸的数据也会不同。因此，在使用前，必须进行检测、试制，从而把握面料特性。

（二）童装规格设计的一般规律

为了利于儿童的生长发育和满足其活泼好动的特点，童装的规格不宜像成人服装一样较多使用合体和较合体设计，而是多采用宽松和较宽松设计。童装规格设计的一般规律如下：

短上衣衣长 = 背长 +（13 ~ 16）cm 或身高 × 0.4 –（3 ~ 6）cm

一般上衣衣长 = 背长 +（18 ~ 24）cm 或身高 × 0.4 ± 3cm

中长外套衣长 = 身高 × 0.5 +（0 ~ 5）cm

长外套衣长 = 身高 × 0.6 ± 5cm

长裤裤长 = 腰围高 –（0 ~ 2）cm

短裤裤长 = 腰围高 /2 –（0 ~ 3）cm

袖长 = 全臂长 +（0 ~ 3）cm

$$胸围 = （净胸围 + 内衣厚度）+ \begin{cases} 10 ~ 16cm（较合体）\\ 17 ~ 24cm（较宽松）\\ 25cm 以上（宽松）\end{cases}$$

$$腰围（上衣）= 净腰围 + \begin{cases} 10 ~ 13cm（较合体）\\ 14 ~ 19cm（较宽松）\\ 20cm 以上（宽松）\end{cases}$$

腰围（下装）= 净腰围 +（0 ~ 3）cm

腰围（抽橡皮筋后尺寸）= 净腰围 –（0 ~ 6）cm

$$臀围 = 净臀围 + \begin{cases} 10 \sim 15cm（较合体）\\ 16 \sim 23cm（较宽松）\\ 24cm 以上（宽松） \end{cases}$$

第七节 儿童服装常用面料

面料不仅可以诠释服装的风格和特性，而且直接左右着服装的色彩和造型的表现效果。儿童处于不断的生长发育之中，其体型特征和生理特征均不同于成人，因此在选用童装面料时要充分考虑面料的功能性，应具有柔软保暖、吸汗透气、悬垂挺括、视觉舒适等特点。

一、按面料加工方法的不同分类

按照面料加工方法的不同进行分类，童装面料可以分为机织面料和针织面料两种。

1. 机织面料

机织面料指以经纬两系统的纱线在织机上按一定规律相互交织而形成的织物。机织物的主要特点是布面有经向和纬向之分。当织物的经纬向原料、纱支和密度不同时，面料呈现各向异性，不同的交织规律及后整理条件也可形成不同的外观风格。机织物的主要优点是结构稳定，布面平整，悬垂时一般不出现驰垂现象，适用于各种裁剪方法，适合各季节童装和各年龄段儿童穿着。

2. 针织面料

针织面料是指用一根或一组纱线为原料，以纬编机或经编机加工形成线圈，再把线圈相互穿套而成的织物。针织物质地松软，有较大的延伸性、弹性及良好的抗皱性和透气性，穿脱方便，不易变形。针织物在童装中应用广泛，不但适用于T恤、内衣，而且适用于各年龄段儿童的外衣、外套等服装。

二、按组成面料的原料分类

1. 棉型织物

棉型织物是指以棉纱线或棉与棉型化纤混纺纱线织成的织物。其吸湿透气性好，手感柔软，穿着舒适，是实用性强的大众化面料，广泛应用于儿童服装中。棉型织物可分为纯棉织物和棉混纺织物两大类。

（1）纯棉织物：纯棉织物由纯棉纱线织成，织物品种繁多，花色各异。其特征是透气性好、吸湿性强、穿着舒适，但水洗和穿着后易起皱，易变形。纯棉织物按染色方式分为原色棉布、染色棉布、印花棉布、色织棉布；按织物组织结构分为平纹布、斜纹布、缎纹布等。纯棉织物广泛应用于儿童四季服装。

①染色、印花和色织平纹布表面平整、光洁，有着细腻、朴素、单纯的织物风格，多用于儿童衬衫、罩衣、裙装、睡衣、裤装、夹克衫、风衣等，经济适用。

②纯棉泡泡纱轻薄凉爽，美观新颖，纯朴可爱，穿着舒适柔软，适用于儿童罩衣、衬衫、连衣裙、塔裙、睡衣裤等。

③纯棉斜纹织物如斜纹布、卡其、华达呢等布身紧密厚实，手感硬挺，结实耐穿，织物粗犷而独特，常用于儿童裤装、风衣、外套等。

④单面绒和双面绒触感柔软，保暖性好，穿着舒适，常用于婴幼儿衬衫、罩衫、爬装、睡衣裤等。

⑤灯芯绒手感柔软，绒条圆直，纹路清晰，绒毛丰满，质地坚牢耐磨，多用于儿童大衣、外套、夹克衫、休闲服、裤子、裙子等。

（2）涤棉织物：涤棉布俗称"的确良"，通常采用35%的棉与65%的涤混纺，既保持了涤纶纤维强度高、弹性回复性好的特性，又具备棉纤维的吸湿性强的特征，易染色、洗后免烫快干。涤棉布品种规格较多，有原色布、色布、印花布及色织布等，多用在学龄期儿童的各类服装中，增加穿着的强度。

2. 麻型织物

麻型织物是由麻纤维纺织而成的纯麻织物及麻与其他纤维混纺或交织而成的织物。麻型织物的共同特点是质地坚韧、粗犷硬挺、凉爽舒适、吸湿性好，不易霉烂和虫蛀，是理想的夏季服装面料。麻型织物可分为纯纺和混纺两类。

（1）纯麻织物：纯麻织物是由纯麻纱线织成。

①夏布，是苎麻布的一种，其紧密、细薄、滑爽洁白，主要用作夏季儿童衬衫、连衣裙等。

②亚麻布，其伸缩小，平挺透凉，吸湿好，散失散热，易洗快干，穿着舒适，常用于较大儿童夏季衬衫、半身裙、连衣裙、宽松上衣等。

（2）混纺麻织物：混纺麻织物由纯麻纱线和混纺纱线织成。

①棉麻混纺布，织物平挺光洁，吸湿散热，滑爽透凉，舒适耐用，多用于儿童夏季衬衫、短裤、连衣裙、休闲裤等。

②涤麻混纺布，织物平挺坚牢，手感挺爽，外观光亮，柔软飘逸，不同厚薄的涤麻混纺布分别适用于夏、春秋等季节服装，如夏季外衣、裙衣、春秋休闲外套等。

③交织麻织物，以平纹组织为主的棉麻交织布和丝麻交织布质地细密、坚牢耐用，布面洁净，手感柔软。较薄较细的交织麻织物适用于夏季衬衫、衣裙等，较厚的交织麻织物适用于裤装、外衣等。

3. 丝型织物

丝型织物主要是指以蚕丝为原料织成的纯纺或混纺、交织的织物，具有轻薄、柔软、滑爽、高雅、华丽、舒适等优点。

①真丝织物，采用天然蚕丝纤维织成的纺类、绉类、绫类、罗类、绸类、缎类等织物，具有光泽柔和、质地柔软、手感滑爽、穿着舒适有弹性等特点，是夏季理想的高档童装面料，可制作儿童衬衣、连衣裙、睡衣裙、睡衣裤、节日礼服、演出服等。

②交织绸与混纺绸，用人造丝或天然蚕丝与其他纤维混纺或交织而成的仿丝绸织物，如织锦缎、羽纱、线绨、涤富绸等，面料的特点由参与混纺或交织纤维的性质决定，可用作童

装面料和里料。

4. 毛型织物

毛型织物是以羊毛、兔毛、驼毛、毛型化纤为主要原料制成的纯纺或混纺织品，一般以羊毛为主，主要用在春、秋、冬三个季节的童装中，具有弹性好、抗皱、挺括、耐穿耐磨、保暖性强、舒适美观、色泽纯正等优点。

①精纺毛织品，一般采用 60 ~ 70 支优质细羊毛毛条或混用 30% ~ 55% 的化纤原料纺成支数较高的精梳毛纱织成的织物，其特征是轻薄滑爽，布面光洁，吸湿、透气性较好，如华达呢、哔叽等，主要用于儿童大衣、套装、背心、背心裙等。

②粗纺毛织物，一般使用分级国毛、精梳短毛、部分 60 ~ 66 支及 30% ~ 40% 的化纤为原料纺成支数较低的粗梳毛纱织成的各种织物，具有丰满厚实、吸湿保暖等特性，如麦尔登、法兰绒、大衣呢、粗花呢等，广泛应用于儿童大衣、外套、夹克、套装、套裙、背心裙等款式中。

③长毛绒织物，是一种用精梳毛纱和棉纱交织的立绒织物，其毛绒平整挺立，稠密坚挺，光泽柔和，手感丰满厚实，保暖性好。童装中用作服装面料的长毛绒织物主要是混纺材料，价格较低，纯毛织物主要用作帽子、衣领等细节部位。衣里长毛绒对原料的要求较低，毛绒较长且稀松，手感柔软，保暖轻便，多与化纤混纺，价格低廉。

5. 再生纤维素纤维织物

再生纤维素纤维织物是由含天然纤维素的材料经化学加工而成，其手感柔软，色泽艳丽，悬垂性好，穿着舒适。

①人造棉织物，质地均匀细洁，色泽艳丽，手感滑爽，吸湿、透气性好，悬垂性好。但缩水、保型性差，主要用于夏季儿童衬衫、连衣裙、睡衣裙、裤子等。

②人造丝织物，包括人造丝无光纺、美丽绸、羽纱及醋酯人造丝软缎等品种。美丽绸及羽纱主要用于童装里料，人造丝无光纺密度较小，手感滑爽，表面光洁，色泽淡雅，夏季穿着凉爽舒适，适用于儿童衬衫、连衣裙等款式。醋酯人造丝软缎光泽明亮，外观酷似真丝绸缎，可制作儿童演出服。

③人造毛织物，是毛黏混纺织物，具有与纯毛织物相似的外观风格和基本特点，但手感、挺括度和弹性较毛织物差，广泛用于儿童大衣和学生服装。

6. 涤纶织物

传统涤纶织物坚牢耐用，挺括抗皱，易洗快干，但吸湿、透气性较差，易吸附灰尘，各种功能性纤维的研究开发改善了其传统的服用性能，各种差别化新型涤纶纤维、纯纺或混纺的仿丝、仿毛、仿麻、仿棉等织物进入市场广泛应用在各类童装中。

①涤纶仿丝绸织物，品种有涤纶绸、涤纶双绉等，弹性和坚牢度较好，易洗免烫，悬垂飘逸，但吸湿、透气性较差。因其舒适性较差，在童装上应用较少，可用作夏季低档儿童衬衫、连衣裙等。

②涤纶仿毛织物，品种主要是精纺仿毛产品，使用范围极广。产品强度较高，有一定的毛型感，抗变形能力较好，经特殊处理的织物具有一定的抗静电性能，价格低廉。主要用在较大儿童裤装、外套等方面。

③涤纶仿麻织物，品种较多，一般产品外观较粗犷、手感柔而干爽、性能似纯麻产品，穿着较舒适。薄型仿麻织物广泛应用于夏季衬衫、连衣裙等方面，中厚型仿麻织物则适于做春秋外套、夹克等。

④涤纶仿麂皮织物，以细或超细涤纶纤维为原料，以非制造织物、机织物和针织物为基布，经特殊整理加工而获得的各种性能外观颇似天然麂皮的涤纶绒面织物。其特征是质轻、手感柔软、悬垂性及透气性较好、绒面细腻、坚牢耐用，适于制作儿童风衣、夹克、外套、礼服等。

7. 锦纶织物

锦纶织物的耐磨性居各种织物之首，吸湿性好于其他合成纤维织物，弹性及弹性回复性较好，质量较轻，主要用作童装的罩衫、礼服、内衣、滑雪衫、风雨衣、羽绒服和袜子等。

8. 腈纶织物

腈纶织物有合成羊毛之称，产品挺括、抗皱、质轻、保暖性较好、耐光性好、色泽艳丽、弹性和蓬松度极好，防蛀、防油、耐药品性好，但吸湿性较差，易起静电。主要用作童装中的礼服、内衣裤、毛衣、外套、大衣等。

9. 氨纶弹力织物

氨纶弹力织物指含有氨纶纤维的织物，由于氨纶具有很好的弹性，其织物弹性因混有氨纶纤维比例高低的不同而不同。主要产品有弹力棉织物、弹力麻织物、弹力丝织物和弹力毛织物。氨纶弹力织物优点是：质轻、手感平滑、吸湿透气性较好、抗皱性好、弹力极好。可用作儿童的练功服、体操服、运动服、泳衣、内衣等。

10. 丙纶织物

作为服装面料，常见于丙纶混纺织物。丙纶主要与其他纤维混纺织成各种棉/丙布、棉/丙麻纱、棉/丙华达呢等。丙纶混纺织物的优点是：质量较轻、外观平整、耐磨性较好、尺寸稳定、缩水率比较低、易洗快干、价格便宜。但耐热性、耐光性较差，高温下易收缩变硬。适于用作中低档儿童衬衫、外套、大衣等。

三、按针织物的结构特征分类

1. 纬平针组织

纬平针组织是由连续的单元线圈单向相互穿套而成。织物结构简单，表面平整，纵横向有较好的延伸性，但易脱散，易卷边。常用于夏季童装中的背心、短裤、连衣裙、针织衬衫、T恤衫和秋冬季的毛衣。

2. 纬编罗纹组织

纬编罗纹组织横向具有较大的弹性和延伸性，顺编织方向不脱散、不卷边，常用于儿童弹性较好的内外衣、弹力衫和T恤衫等。

3. 双反面组织

双反面组织是由正面线圈横列和反面线圈横列，以一定的组合相互交替配置而成。该组织的织物比较厚实，具有纵横向弹性和延伸性相近的特点，上下边不卷边，但易脱散，常用于婴儿服装、袜子、防抓手套、婴儿帽等。

4. 编链组织

编链组织是每根经纱始终在同一织针上垫纱成圈的组织。其性能是纵向延伸性小，因此一般用它与其他组织复合织成针织物，可以限制纵向延伸性和提高尺寸的稳定性，常用于外衣和衬衫类针织物。

5. 经平组织

经平组织是每根经纱在相邻两枚织针上交替垫纱成圈的组织。其特征有一定的纵横向延伸性和逆编织方向的脱散性。经平组织与其他组织复合，广泛用于内衣、外衣、衬衫、连衣裙等。

6. 经缎组织

经缎组织是指每根经纱顺序地在 3 枚或 3 枚以上的织针上垫纱成圈，然后再顺序地在返回原位过程中逐针垫纱成圈而织成的组织。经缎组织线圈形态接近于纬平针组织，因此，其特性也接近于纬平针组织。经缎组织与其他组织复合，可得到一定的花纹效果。

7. 双罗纹组织

双罗纹组织又称棉毛布，是由两个罗纹组织交叉复合而成，正反面都呈现正面线圈。其优点是：厚实、柔软、保暖性好、无卷边、抗脱散性和弹性较好，广泛用于各种内衣、衬衫和运动衫裤。

8. 复合双层组织

复合双层组织是指针织物的正反面两层分别织以平针组织，中间采用集圈线圈作连接线。双层组织的正反面可由两层原料构成，发挥各自的特点。如用途广泛的涤盖棉针织物，涤纶在正面具有强度高、挺括、厚实、紧密、平整、横向延伸性好，尺寸稳定性好和富有弹性的优点，棉纱在反面，具有平整柔软、吸湿性好等优点，常用于运动服装和冬季校服的面料。

9. 空气层组织

空气层组织是指在罗纹或双罗纹组织基础上每隔一定横列数，织以平针组织的夹层结构。具有挺括、厚实、紧密、平整、横向延伸性好、尺寸稳定性好等优点，广泛应用于童装外衣。

思考与练习

1. 分析不同年龄段儿童体型特征对着装的影响。

2. 说明我国儿童服装号型系列控制部位数值及分档数值对童装规格尺寸的影响。

3. 测量 10 名不同年龄段的儿童体型，掌握儿童体型测量方法。

4. 针对身高 120cm 儿童进行原型制图，掌握正确的制图方法。

5. 举例说明新材料在童装中的应用。

夏季日常童装结构设计

课程名称： 夏季日常童装结构设计

课程内容： 1. 婴儿服装。

2. 幼儿服装。

3. 学童服装。

4. 少年服装。

上课时数： 10课时

教学提示： 讲解夏季气候特点与对服装的要求；介绍婴儿期、幼儿期、学童期和少年期在夏季服装款式选择中的区别、在结构制图及结构细节处理中的区别、在面料选择中的区别。

教学要求： 1. 使学生了解夏季各年龄段童装的常见款式。

2. 使学生掌握夏季成衣规格设计的方法及规律。

3. 使学生掌握夏季各类童装结构制图的方法、细节处理方式及与成人的区别。

4. 使学生掌握夏季童装面料的选择，了解不同年龄段童装面料的差异。

课前准备： 选择品牌童装流行款式图片及视频资料、夏季童装面料样卡和童装样衣等，作为本章节理论联系实际的教学参考。

第二章　夏季日常童装结构设计

在炎热的夏季，适当的着装可对儿童周围的微气候起到良好的调节作用，从而降低儿童对于暑热的不适感觉。夏季童装整体造型以宽松为宜，以形成自然的通风效果，增强对流散热量和蒸发散热量；除此之外，还应考虑着装的环境湿度及童体不同部位的出汗强度分布，采取不同的设计及穿着方式。例如，在干热环境中，童装的整体设计应适当增加服装所遮盖的人体体表面积，采用长款设计，以有效地减少人体吸收来自干热环境的热辐射及太阳的辐射热；此外，还要特别注意儿童头部的防护，可以选择戴遮阳帽或打遮阳伞等防护方式，以确保儿童体温调节中枢系统的正常运行。而在湿热环境中，童装的整体设计可以适当降低服装所遮盖的人体体表面积，采用短款的设计（如短裙、短裤、短袖甚至无袖上衣），尽量裸露人体体表，以增加人体的有效蒸发散热面积，最大限度地利用环境空气的对流，将汗液及其蒸汽从人体体表和服装中迅速地带走，从而快速地提高蒸发散热效率，降低高温湿热环境中人体因蓄热值过高而发生中暑的概率。

第一节　婴儿服装

婴儿指从出生到周岁的儿童，身高为 52 ~ 80cm。婴儿期是儿童身体发育最显著的时期，其头身比例约为 1 ：4。婴儿的腹围大于胸围和臀围，头大、腹大、肩窄、颈短、四肢短，胸部与腹部比较突出，胸廓呈圆桶形，背的曲线率很小，双腿呈 O 形，大腿各部位的周长差很明显。

初生婴儿体温调节能力较差，婴儿皮肤细嫩，对外部的刺激十分敏感。婴儿代谢旺盛，会不自觉损失水分，汗腺发育不完全，极易出汗，同时排出较多的代谢产物，一般在 10 个月之前排尿、排便不能自我调控。所以婴儿服装必须重视卫生和保护功能，在夏季应选择柔软、吸湿性好、抗静电性能好的天然纤维面料来调节湿度，如机织物中的细平布、泡泡纱、比较薄的绒类织物等以及针织物中的汗布、棉毛布等较柔软的织物。

婴儿前期基本上是睡眠静止期，但是随着时间的推移，活动机能不断增强。婴儿从 4 ~ 5 个月开始能自行翻身；6 ~ 7 个月可以自己坐起；8 ~ 9 个月能够爬来爬去；12 ~ 13 个月即可学走直到自己可以走路。

婴儿的视觉还没有发育完全，太亮的颜色容易对他们的眼睛造成伤害，在色彩的选择上应以纯度较低的色系为主，如粉红、粉蓝、嫩黄等。

　　婴儿服装没有明显的男女之分，款式几乎不受流行的影响。夏季婴儿装设计的特点是造型简单，方便舒适，廓型多见 H 型、A 型和 O 型；领部开口较大，以无领和领座较低的领型为主，以适应颈部较短的特征；袖长较短，可以是无袖、短袖、半袖、半长袖等；门襟形式多见开合门襟，位置合适，以方便穿脱；裆部应开口或设计成灵活的系扣形式，以方便更换尿布；造型结构中不宜设计过多的分割线，以保持服装的平整光滑。

　　婴儿体型及穿着特征如图 2-1 所示。

图 2-1　婴儿体型及穿着特征

一、婴儿上装

1. 婴儿夏季针织背心

　　（1）款式说明：夏季小背心，领口绲边，两侧镂空设计，衣身四周贴边双明线缝制，前中心卡通动物印花，安全环保，舒适透气，适合夏季穿着。款式设计如图 2-2 所示。

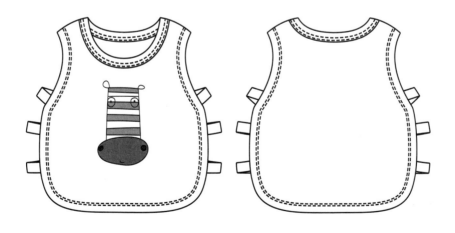

图 2-2　婴儿夏季针织背心款式设计图

　　（2）适合年龄：2 岁以下的婴幼儿，身高 59 ~ 90cm。

（3）规格设计：衣长 = 身高 × 0.4 ± (0 ~ 2) cm；

胸围 = 净胸围 + 6cm。

身高 59 ~ 73cm 婴儿夏季针织背心各部位规格尺寸如表2-1所示。

表2-1　婴儿夏季针织背心各部位规格尺寸 单位：cm

身高	衣长	胸围	肩宽	领口宽	前领深	后领深
59	24	46	18	5.4	6.0	3
66	26	50	19	5.6	6.2	3
73	28	54	20	5.8	6.4	3

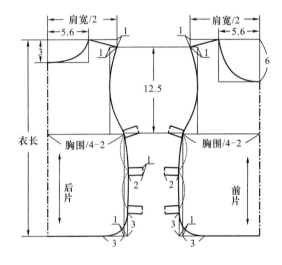

图 2-3　婴儿夏季针织背心结构设计图

（4）结构制图：身高 66cm 婴儿夏季针织背心结构设计如图 2-3 所示。

（5）原材料说明：前后衣片采用夏季针织纬平针组织即汗布，领口绲边采用纬编 1+1 罗纹组织，侧缝连接带采用 1cm 宽纯棉编织带。

2. 婴儿偏襟系带上衣

（1）款式说明：婴儿偏襟系带小上衣，前片插肩线设计，右插肩线处开口系扣，领口、袖口及前衣身绲边，后身挖背设计，适合低龄婴儿穿着。款式设计如图 2-4 所示。

（2）适合年龄：出生到 3 个月左右的婴儿，身高 52 ~ 59cm。

（3）规格设计：衣长 = 身高 × 0.5 ± (0 ~ 2) cm；

胸围 = 净胸围 + 6cm；

袖长（从后颈中点到手腕部的尺寸）= 总肩宽 /2 + 手臂长。

身高 52 ~ 59cm 婴儿偏襟系带上衣各部位规格尺寸如表2-2所示。

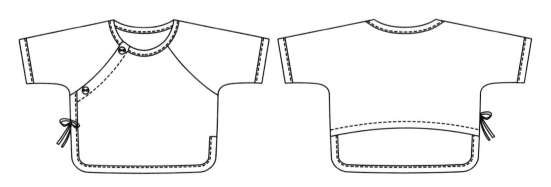

图 2-4　婴儿偏襟系带上衣款式设计图

表2-2　婴儿偏襟系带上衣各部位规格尺寸　　　　　　　　　　单位：cm

身高	前衣长	胸围	袖长	领口宽	前领深	后领深	袖口宽
52	26	46	25	5.4	5.4	2	8
59	28	50	27	5.6	5.6	2	8

（4）结构制图：身高59cm婴儿偏襟系带上衣结构设计如图2-5所示。

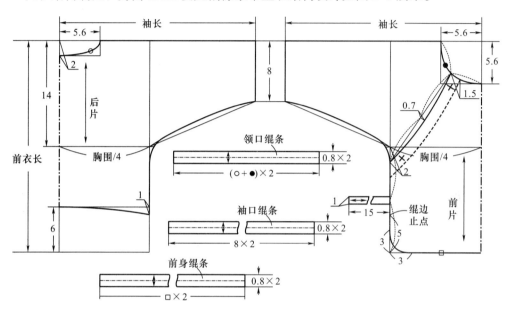

图 2-5　婴儿偏襟系带上衣结构设计图

（5）原材料说明：前后衣片采用针织棉毛布，领口、袖口和下摆绲边均采用纬编1+1
罗纹组织。

3. 婴儿短袖T恤

（1）款式说明：婴儿短袖T恤，肩部开口系扣，方便穿脱；领口绲边；前后片条纹拼接，
衣摆圆摆设计；前胸图案装饰，款式简单，穿着活泼可爱。款式设计如图2-6所示。

图 2-6　婴儿短袖T恤款式设计图

（2）适合年龄：6个月以上的婴幼儿，身高66～100cm。

（3）规格设计：衣长 = 身高×0.5 -（0～5）cm；

胸围 = 净胸围 + 10cm。

身高66～80cm婴儿短袖T恤各部位规格尺寸如表2-3所示。

表2-3　婴儿短袖T恤各部位规格尺寸　　　　　　　　　　　单位：cm

身高	衣长	胸围	袖长	总肩宽	领口宽	前领深	后领深
66	31	50	8	21	5.4	5.4	2
73	33	54	8.5	22	5.6	5.6	2
80	35	58	9	23	5.8	5.8	2

（4）结构制图：身高80cm婴儿短袖T恤结构设计如图2-7所示。

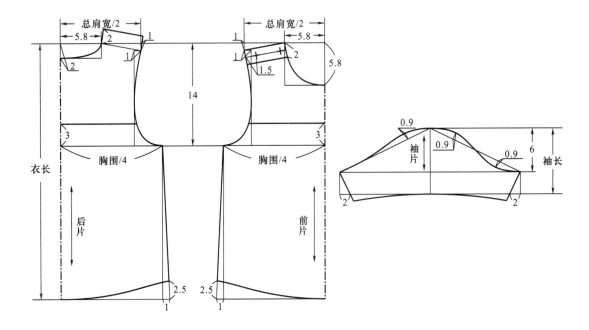

图2-7　婴儿短袖T恤结构设计图

（5）原材料说明：前后衣片采用针织棉毛布，领口绲边采用纬编1+1罗纹组织。

二、婴儿裤装

1. 婴儿尿布裤

（1）款式说明：较宽松设计，腹部有小熊图案魔术贴作为连接，前后片分割处位于前部下裆线以上，下裆处无分割线。款式设计如图2-8所示。

（2）适合年龄：0～6个月，身高52～66cm。

（3）规格设计：臀围 = 净臀围 + 22cm；

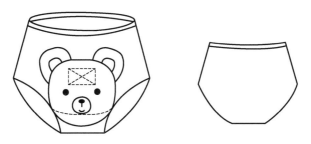

图2-8　婴儿尿布裤款式设计图

上裆长 = 基本上裆长 + 3cm。

身高 52 ~ 66cm 婴儿尿布裤各部位规格尺寸见表2-4。

表2-4　婴儿尿布裤各部位规格尺寸　　　　　　　　　　　　　单位：cm

身高	臀围	上裆长	◎
52 ~ 59	64	16	测量结构图中大腿根围的尺寸，若该尺寸小于大腿根围+3cm，应从侧缝部位打开加宽，加宽量为◎
59 ~ 66	68	17	

（4）结构制图：身高 52 ~ 59cm 婴儿尿布裤结构设计图如图 2-9 所示。

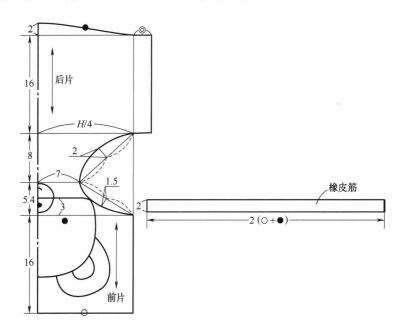

图2-9　婴儿尿布裤结构设计图

（5）原材料说明：衣片、腰头采用针织棉毛布，腰头内加少量橡皮筋，扣合处采用魔术贴。

2. 婴儿背带短裤

（1）款式说明：宽松短裤设计，衣身与裤装相连，裆部采用暗扣开合，腰部抽橡皮筋。

款式设计如图 2-10 所示。

（2）适合年龄：3 ~ 12 个月，身高 59 ~ 80cm。

（3）规格设计：上衣长 = 背长 + 3cm；

胸围 = 净胸围 + 22cm；

臀围 = 净臀围 + 20cm；

袖窿深 = 净窿深 + 5cm；

上裆长 = 基本上裆长 + 2cm；

裤长 = 上裆长 + 1/2 下裆长。

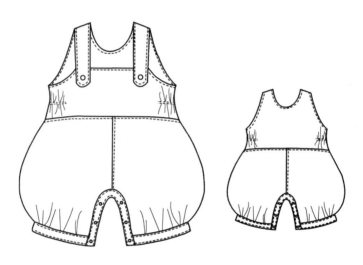

图 2-10　婴儿背带短裤款式设计图

身高 59 ~ 80cm 婴儿背带短裤各部位规格尺寸见表 2-5。

表2-5　婴儿背带短裤各部位规格尺寸　　　　　　　　　　单位：cm

身高	衣长	上衣长	裤长	胸围	臀围	袖窿深	上裆长
59 ~ 66	50.5	21	29.5	62	64	15.5	16
66 ~ 73	53.5	22	31.5	66	67	16	17
73 ~ 80	56.5	23	33.5	70	70	16.5	18

（4）结构制图：身高 73 ~ 80cm 婴儿背带短裤结构设计图如图 2-11 所示。

（5）原材料说明：各衣片采用针织棉毛布，裆部贴边和裤口边均采用纬编 1+1 罗纹。

3. 婴儿夏季连体装

（1）款式说明：较宽松设计，无领，半袖，衣身与裤装相连，前中心和裆部开口，方便穿脱和更换尿布。款式设计如图 2-12 所示。

（2）适合年龄：3 ~ 12 个月，身高 59 ~ 80cm。

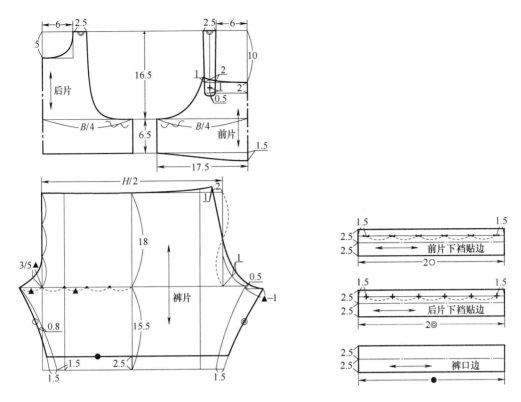

图 2-11 婴儿背带短裤结构设计图

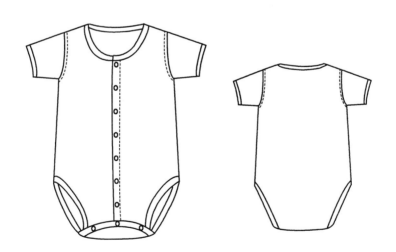

图 2-12 婴儿夏季连体装款式设计图

（3）规格设计：后衣长 = 后背长 + 上裆长 + 1/2 上裆长 + 5cm 折叠量；

胸围 = 净胸围 + 14cm；

袖长 = 1/3 手臂长；

肩宽 = 净肩宽 + 1cm。

身高 59 ～ 80cm 婴儿夏季连体装各部位规格尺寸见表 2-6。

表2-6　婴儿夏季连体装各部位规格尺寸　　　　　　　　　单位：cm

身高	后衣长	胸围	袖长	袖窿深	领围	肩宽
59～66	44	54	7	13	25.5	20
66～73	46.5	58	7.5	13.5	26.5	21.5
73～80	49	62	8	14	27.5	23

（4）结构制图：身高66～73cm婴儿夏季连体装结构设计图如图2-13所示。

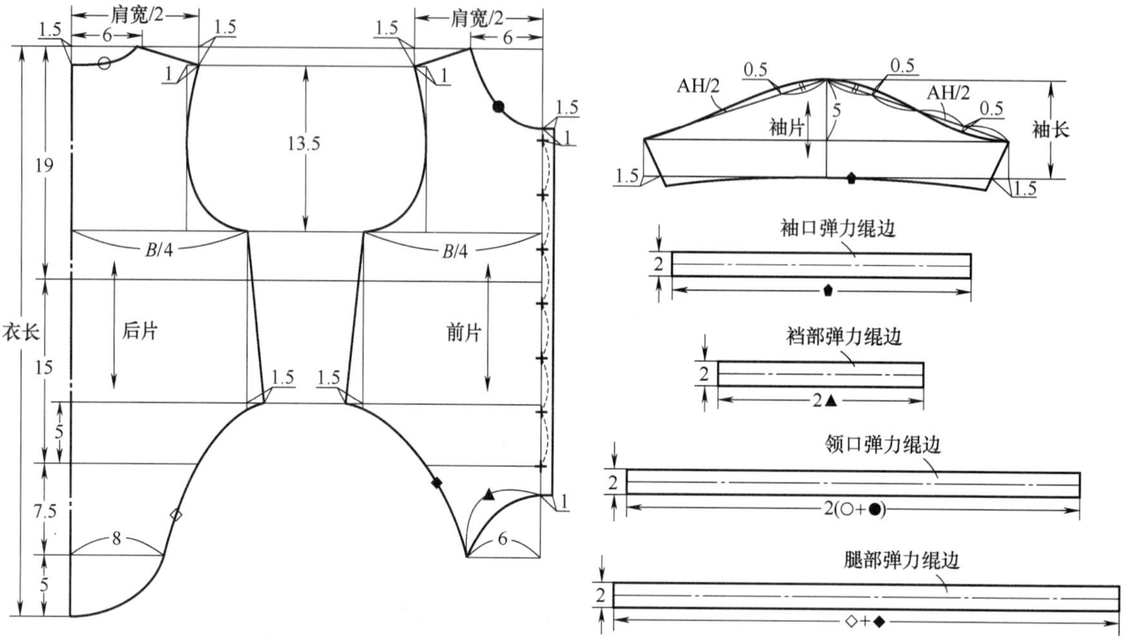

图2-13　婴儿夏季连体装结构设计图

（5）原材料说明：各衣片采用针织汗布或棉毛布，各部位绲边均采用纬编1+1罗纹。

第二节　幼儿服装

幼儿期指1～5周岁的儿童，此阶段是幼儿身体成长与运动机能发育最显著的时期，在2～3岁时身高发育很快，每年增长约10cm。4岁开始，身高每年约增加6cm，体重约增加2公斤。1～5岁胸围每年增长约2cm，腰围每年增长约1cm，手臂长每年增长约2cm，上裆长每年增长约1cm。幼儿前期仍然保持了头大、颈短、胸腹部凸出等特点，随着儿童的生长发育，头身指数在增加，5岁时约5.2头身，幼儿颈部逐渐变长，肩部厚度减小，腹部凸出减小。

幼儿皮肤仍然比较娇嫩，易受损伤，其皮肤的保护功能较差，对外界冲击的对抗能力较差，容易受到损伤和感染，特别需要服装的保护。幼儿服装面料应选择纱支较细，透气性能好的轻薄织物，如泡泡纱、条格布、麻纱布等。

　　幼儿正在接受着个体的生理和性别角色的变化，逐渐脱离婴儿的幼稚感。所以设计童装时应注重其性别差异，如女童可以根据人体自然部位而采用 H 型、A 型等轮廓造型，显示出女孩特有的灿烂夺目及乖巧可人。男孩的服装可采用 H 型、O 型，以满足男孩成长的心理需求。因幼儿胸腹部凸出，为使前下摆不上翘，上衣可以在肩部或前胸设计育克或采用剪切和多褶裥处理；裙长不宜太长，膝盖以上的长度可利用视觉造成下肢增长的感觉。幼儿服另一种常用造型结构是连衣裤、连衣裙、背带裤、背带裙和背心裤、背心裙，这种结构形式有利于防止裤子下滑和便于儿童运动，增加穿着的舒适性，但应注意穿脱方便。幼儿服装的结构应考虑其实用功能，从培养儿童自主性方面来讲，开口应在前面，并随着年龄的不同，使用扣系形式从部分开合过渡到全开合。幼儿的颈短，领子应平坦而光滑，不宜在领口上设计复杂的领型和装饰复杂的花边，不宜设计领座较高的领子。幼儿对口袋有特别的喜爱，一般应设计口袋，口袋设计以贴袋为宜，可设计成花、叶、动物、水果、文字等图案，这样可以很好地适应儿童的心理特征，烘托出儿童天真活泼的可爱形象。

　　幼儿服装造型特征如图 2-14 所示。

图 2-14　幼儿服装造型特征

一、幼儿上装

1. 幼儿背心（男童）

　　（1）款式说明：适合男孩穿着的宽肩背心，较合体，前胸处有横向分割线，领口、袖窿处有罗纹。款式设计如图 2-15 所示。

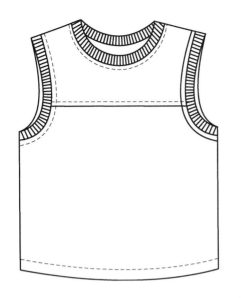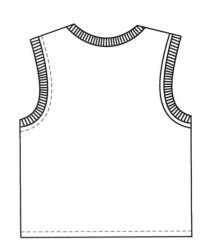

图 2-15　幼儿背心（男童）款式设计图

（2）适合年龄：1 ～ 5 岁，身高 80 ～ 120cm。

（3）规格设计：衣长 = 身高 ×0.4 -（0 ～ 3）cm；

　　　　　　　　胸围 = 净胸围 +（8 ～ 10）cm；

　　　　　　　　肩宽（不包含罗纹）= 净肩宽 -（2 ～ 3）cm；

　　　　　　　　袖窿深 = 胸围 /6 +（5 ～ 6）cm；

　　　　　　　　领宽 = 颈围 /5 + 3cm；

　　　　　　　　前领深 = 领宽。

身高 90 ～ 110cm 幼儿背心（男童）各部位规格尺寸见表 2-7。

表2-7　幼儿背心（男童）各部位规格尺寸　　　　　　　单位：cm

身高	衣长	胸围	肩宽	袖窿深	领宽	前领深	罗纹宽
90	34	58	23	15.5	7.8	7.8	1.5
100	38	62	24	16	8	8	1.5
110	42	66	25	16.5	8.3	8.3	1.5

（4）结构制图：身高 100cm 幼儿背心（男童）结构设计图如图 2-16 所示。

（5）原材料说明：各衣片采用针织汗布或棉毛布，领口和袖窿均采用纬编 1+1 罗纹。

2. 幼儿背心（女童）

（1）款式说明：适合女童穿着的吊带背心，较合体，袖窿绲条连肩部吊带，前胸双层荷叶边装饰，简单实用。款式设计如图 2-17 所示。

（2）适合年龄：1 ～ 5 岁，身高 80 ～ 120cm。

（3）规格设计：衣长 = 身高 ×0.3 ± 1cm；

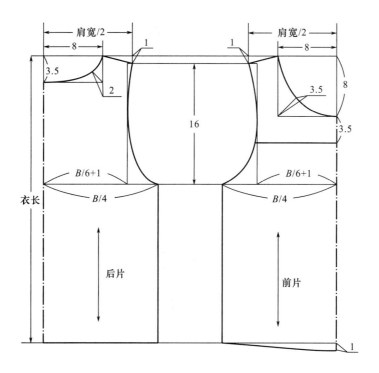

图 2-16 幼儿背心（男童）结构设计图

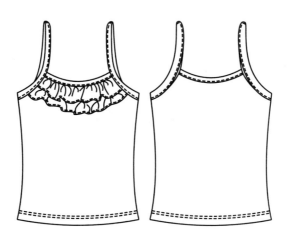

图 2-17 幼儿背心（女童）款式设计图

胸围 = 净胸围 +（0 ~ 4）cm。

身高 90 ~ 110cm 幼儿背心（女童）各部位规格尺寸见表 2-8。

（4）结构制图：身高 100cm 幼儿背心（女童）结构设计图如图 2-18 所示。

（5）原材料说明：前后衣片采用针织汗布或棉毛布，荷叶边采用和衣身相同面料，前胸、后背和袖窿吊带均采用纬编 1+1 罗纹。

表2-8 幼儿背心（女童）各部位规格尺寸   单位：cm

身高	衣长	胸围	袖隆深	后背宽	前胸宽
90	26	50	13.5	14	14
100	30	54	14	15	15
110	34	58	14.5	16	16

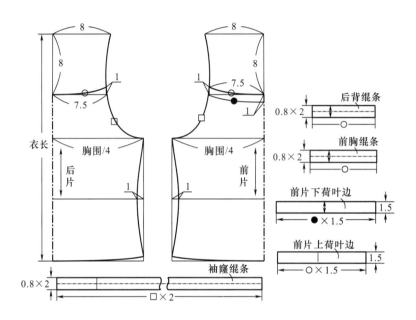

图 2-18 幼儿背心（女童）结构设计图

3. 男童短袖 T 恤

（1）款式说明：较宽松短袖 T 恤，罗纹圆领口，绱袖，袖口、下摆处双明线缉缝。左肩处门襟设计，2 粒扣系结，便于穿脱。前胸字母装饰，款式简单，适合男童穿着。款式设计如图 2-19 所示。

图 2-19 男童短袖 T 恤款式设计图

（2）适合年龄：1 ~ 5 岁，身高 80 ~ 120cm。

（3）规格设计：衣长 = 身高 × 0.4 + （0 ~ 5）cm；

　　　　　　　　胸围 = 净胸围 + 12cm；

　　　　　　　　袖窿深 = 胸围 /6 + （4 ~ 5）cm；

　　　　　　　　领口宽 = 颈围 /5 + 2.5cm。

身高 80 ~ 100cm 儿童短袖 T 恤各部位规格尺寸如表 2-9 所示。

表2-9　男童短袖T恤各部位规格尺寸　　　　　　　　　　　　单位：cm

身高	衣长	胸围	肩宽	袖长	袖口宽	袖窿深	领口宽
80	32	60	26	9	10.5	15	7
90	36	64	27.5	10	11	16	7.5
100	40	68	29	11	12	17	8

（4）结构制图：身高 90cm 男童短袖 T 恤结构设计图如图 2-20 所示。

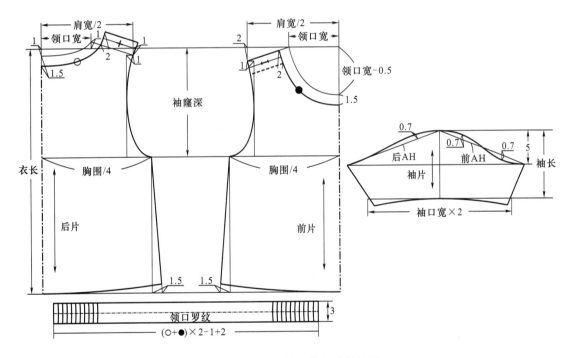

图 2-20　男童短袖 T 恤结构设计图

（5）原材料说明：前后衣片、袖片采用针织汗布或棉毛布，领口采用纬编 2+2 罗纹。

4. 女童无袖 T 恤

（1）款式说明：较宽松无袖 T 恤，领口、袖窿缝边，前胸花色拼接，前胸拼接线下抽碎褶，右肩处拼接，左肩开口系扣，1 粒扣系结，下摆处双明线缉缝。款式设计如图 2-21 所示。

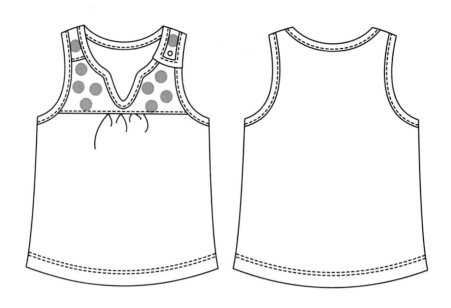

图 2-21　女童无袖 T 恤款式设计图

（2）适合年龄：1 ~ 5 岁，身高 80 ~ 120cm。

（3）规格设计：衣长 = 身高 × 0.4 +（0 ~ 4）cm；

　　　　　　　胸围 = 净胸围 + 8cm。

身高 80 ~ 100cm 女童无袖 T 恤各部位规格尺寸如表 2-10 所示。

表2-10　女童无袖T恤各部位规格尺寸　　　　　　　　　　　单位：cm

身高	衣长	胸围	肩宽	袖窿深	领口宽
80	36	56	21	13.5	7
90	40	60	22	14	7.5
100	44	64	23	14.5	8

（4）结构制图：身高 90cm 女童无袖 T 恤结构设计图如图 2-22 所示。

（5）原材料说明：各衣片采用针织汗布或棉毛布，领口、袖窿绲条采用纬编 1+1 罗纹。

二、幼儿裤装

1. 男童针织内裤

（1）款式说明：男式基本款贴身小内裤，前后分片，前片裆部有省道，腰部、裤口处抽细橡皮筋。男童基本款针织内裤款式设计如图 2-23 所示。

（2）适合年龄：2 ~ 4 岁，身高 90 ~ 110cm。

（3）规格设计：臀围 = 净臀围 +（13 ~ 15）cm；

　　　　　　　腰围 = 臀围。

身高 90 ~ 110cm 男童基本款针织内裤各部位规格尺寸见表 2-11。

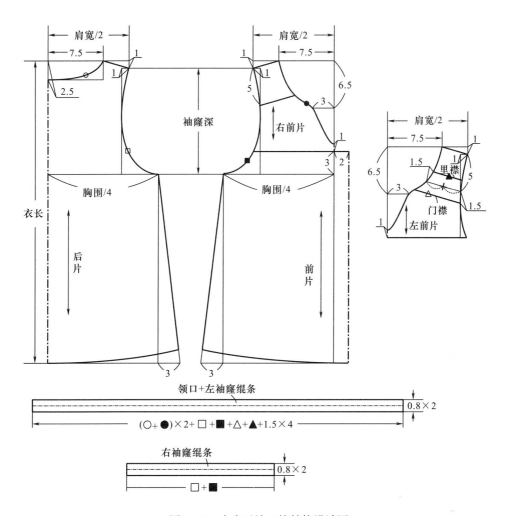

图 2-22 女童无袖 T 恤结构设计图

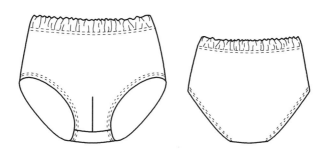

图 2-23 男童基本款针织内裤款式设计图

表2-11 男童基本款针织内裤各部位规格尺寸 单位：cm

身高	腰围	臀围	上裆长	裆宽
90	63	63	17	3.5
100	68	68	18	4
110	73	73	19	4

（4）结构制图：身高 100cm 男童基本款针织内裤结构设计图如图 2-24 所示。

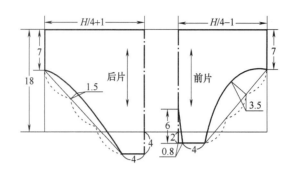

图 2-24 男童基本款针织内裤结构设计图

（5）原材料说明：前后裤片均采用针织汗布或棉毛布，腰头内抽橡皮筋。

2. **幼儿八分裤**

（1）款式说明：较宽松设计，腰部抽橡皮筋；前片裤腿处的小分割片可采用网眼布，凉爽透气；前后片在腰下均有分割线，前片口袋为立体造型。款式设计如图 2-25 所示。

图 2-25 幼儿八分裤款式设计图

（2）适合年龄：2 ~ 4 岁，身高 90 ~ 110cm。

（3）规格设计：裤长 =（腰围高 – 2）× 8/10 ± 1cm；

　　　　　　　臀围 = 净臀围 + 16cm；

　　　　　　　腰围（抽橡皮筋后尺寸）= 净腰围 –（5 ~ 6）cm；

　　　　　　　裤口 = 裤口贴边长 /2 + 3cm（褶量）。

身高 90 ~ 110cm 幼儿八分裤各部位规格尺寸见表 2-12。

表2-12　幼儿八分裤各部位规格尺寸

单位：cm

身高	裤长	腰围	臀围	上裆长	裤口宽	裤口贴边长	裤口贴边宽	腰头宽
90	38	42	65	17	17	28	3	2
100	43	45	70	18	18	30	3	2
110	48	48	75	19	19	32	3	2

（4）结构制图：身高100cm幼儿八分库结构设计图如图2-26所示。

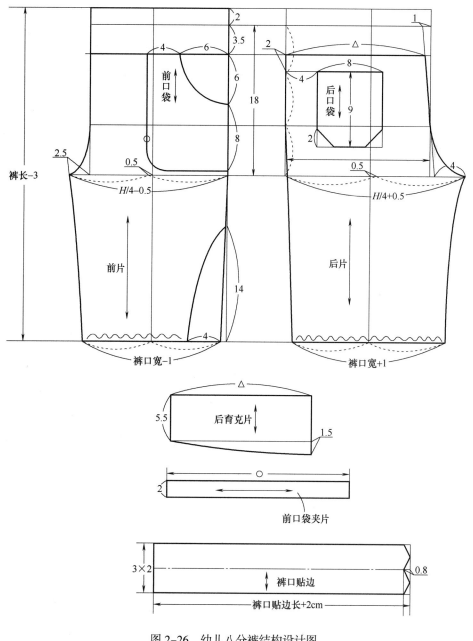

图2-26　幼儿八分裤结构设计图

（5）原材料说明：前后裤片、育克、口袋布、前口袋夹片、裤口贴边均采用机织纯棉平布，前裤腿拼接片既可采用相同纯棉平布，又可采用透气网纱，腰头内抽橡皮筋。

3. 男童短裤

（1）款式说明：适合男童的休闲小短裤，裤腿处有横向分割线，侧面有明线装饰的贴袋；后片腰下有横向分割线；腰头为宽橡皮筋。款式设计如图 2-27 所示。

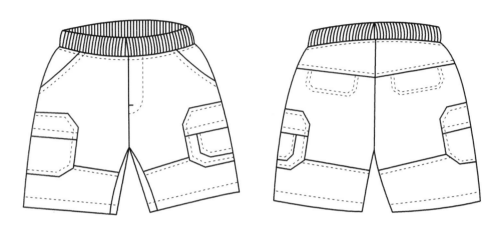

图 2-27 男童短裤款式设计图

（2）适合年龄：3 ~ 5 岁男童，身高 100 ~ 120cm。

（3）规格设计：裤长 = 腰围高 /2 –（0 ~ 1.5）cm；

臀围 = 净臀围 +（12 ~ 14）cm；

腰围（抽橡皮筋后尺寸）= 净腰围 –（5 ~ 6）cm。

身高 100 ~ 120cm 男童短裤各部位规格尺寸见表 2-13。

表2-13 男童短裤各部位规格尺寸 　　　　　　单位：cm

身高	裤长	腰围	臀围	上裆长	裤口宽	腰头橡皮筋宽
100	29	43	65	17	18	3
110	32	46	70	18	19	3
120	35	49	75	19	20	3

（4）结构制图：身高 110cm 男童短裤结构设计图，如图 2-28 所示。

（5）原材料说明：前后裤片、育克、口袋布均采用机织纯棉平布，腰头为罗纹布，腰头内抽橡皮筋。

4. 幼儿背带短裤

（1）款式说明：宽松型背带短裤，宜于幼儿活动；两用裆设计；前片腰部捏活褶，侧面抽橡皮筋。款式设计如图 2-29 所示。

（2）适合年龄：1 ~ 3 岁，身高 80 ~ 100cm。

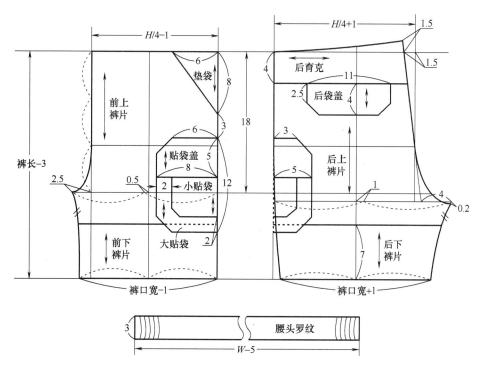

图 2-28　男童短裤结构设计图

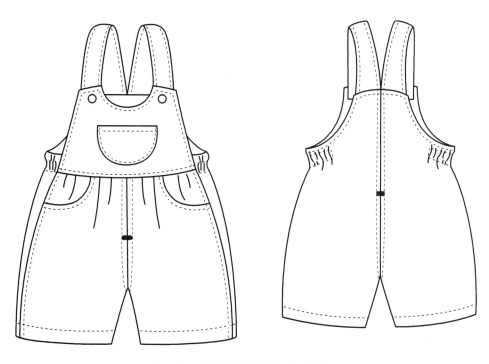

图 2-29　幼儿背带短裤款式设计图

（3）规格设计：裤长 = 腰围高 /2 ± 1cm；

　　　　　　　臀围 = 净臀围 +（22 ~ 24）cm；

　　　　　　　腰围（抽橡皮筋后尺寸）= 净腰围 +（4 ~ 6）cm。

身高 80 ~ 100cm 幼儿背带短裤各部位规格尺寸见表 2-14。

表2-14　幼儿背带短裤各部位规格尺寸　　　　　　　单位：cm

身高	裤长	臀围	腰围	上裆长	裤口宽
80	22	71	53	17	19
90	25	76	56	18	20
100	28	81	59	19	21

（4）结构制图：身高 90cm 幼儿背带短裤结构设计如图 2-30 所示。

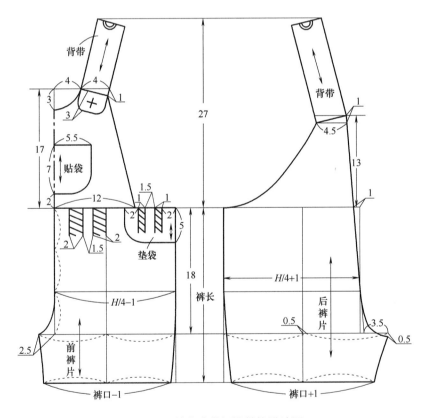

图 2-30　幼儿背带短裤结构设计图

（5）原材料说明：前后裤片、前胸片、后背片、口袋布、肩带均采用机织纯棉平布或薄斜纹布，也可采用细灯芯绒面料，腰部侧边抽少量橡皮筋。

三、幼儿裙装

1. 幼儿夏季短裙

（1）款式说明：幼童膝盖以上三层塔裙，罗纹腰头，腰头内抽橡皮筋，穿脱方便，活泼可爱。款式设计如图2-31所示。

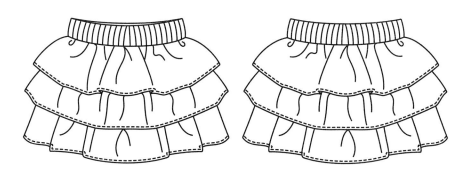

图2-31　幼儿夏季短裙款式设计图

（2）适合年龄：1 ~ 3岁，身高80 ~ 100cm。

（3）规格设计：裙长为设计量，长度在膝盖以上3 ~ 5cm的位置；

腰围（抽橡皮筋后尺寸）＝净腰围 –3cm；

腰围（拉展后尺寸）＝净腰围 + 16cm。

身高80 ~ 100cm幼童夏季短裙各部位规格尺寸如表2-15所示。

表2-15　幼儿夏季短裙各部位规格尺寸　　　　　　　　　　　单位：cm

身高	裙长	收橡皮筋后腰围	拉展后腰围
80	22	44	63
90	26	47	66
100	30	50	69

（4）结构设计图：身高90cm幼儿夏季短裙结构设计如图2-32、图2-33所示。

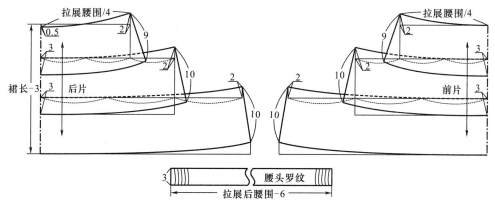

图2-32　幼儿夏季短裙面料结构设计图

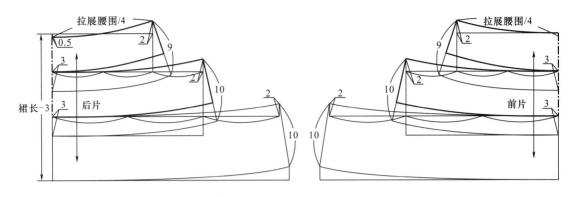

图 2-33　幼儿夏季短裙里料结构设计图

（5）原材料说明：前后裙片面料采用机织纯棉平布、泡泡纱或薄斜纹布，里料采用组织稀疏的机织纯棉纱质面料，腰头采用纬编罗纹，腰头内抽橡皮筋。

2. **幼儿背带裙**

（1）款式说明：幼童膝盖以上背带裙，前片连挡胸设计，后片腰部抽橡皮筋，背带在前挡胸系扣，在后背十字交叉，黑色纽扣连挡胸图案装饰，活泼可爱。款式设计如图 2-34 所示。

图 2-34　幼儿背带裙款式设计图

（2）适合年龄：1 ～ 3 岁，身高 80 ～ 100cm。

（3）规格设计：裙长为设计量，长度在膝盖以上 3 ～ 5cm 的位置；

腰围（抽橡皮筋后尺寸）= 净腰围 + 8cm；

臀围 = 净臀围 +16cm。

身高 80 ～ 100cm 幼儿背带裙各部位规格尺寸如表 2-16 所示。

表2-16 幼儿背带裙各部位规格尺寸 单位：cm

身高	总裙长	收橡皮筋后腰围	臀围	臀高	后肩带长
80	46	55	65	10	25
90	52	58	70	11	28
100	58	61	75	12	31

（4）结构设计图：身高90cm幼儿背带裙结构设计如图2-35所示。

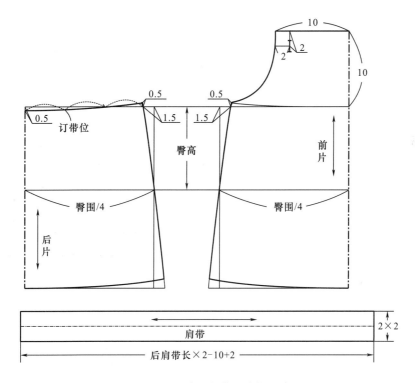

图 2-35 幼儿背带裙结构设计图

（5）原材料说明：前后裙片、肩带采用机织纯棉平布、薄斜纹布或牛仔斜纹布，后腰抽橡皮筋。

3. 幼儿连衣裙

（1）款式说明：膝盖以上A型背带连衣裙，宽松度适中，腰部略合体，花边装饰。款式设计如图2-36所示。

（2）适合年龄：1～3岁，身高80～100cm。

（3）规格设计：后衣长＝后背长＋（20～30）cm；

胸围＝净胸围＋14cm。

身高80～100cm幼儿连衣裙各部位规格尺寸见表2-17。

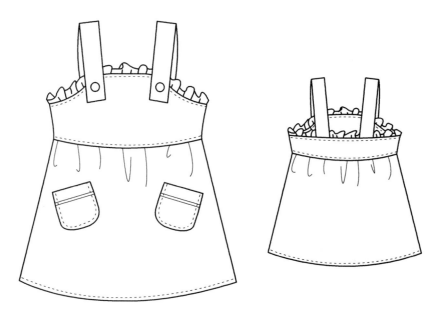

图 2-36　幼儿连衣裙款式设计图

表2-17　幼儿连衣裙各部位规格尺寸　　　　　　　　　单位：cm

身高	衣长	裙长	胸围
80	42	23	62
90	45	25	66
100	48	27	70

（4）结构制图：身高90cm幼儿连衣裙结构设计图如图2-37所示。

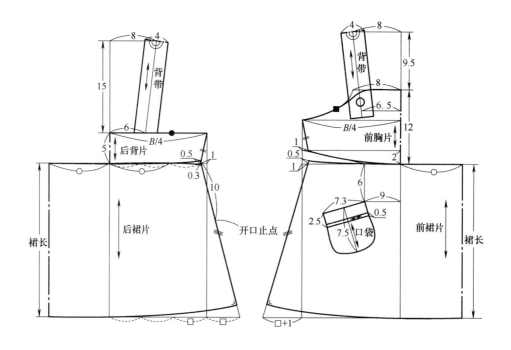

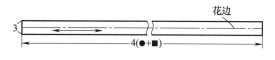

图 2-37　幼儿连衣裙结构设计图

（5）原材料说明：前后裙片、挡胸、肩带、口袋采用机织纯棉平布、泡泡纱等薄型机织面料，荷叶边既可采用衣身面料，也可采用蕾丝花边。

第三节　学童服装

学童期指 6～12 周岁的儿童，此阶段是儿童运动机能与智能发育显著的时期，儿童的成长非常迅速，身高及身体围度迅速增加，逐渐脱离了幼稚的感觉。男童与女童发育的共同特征是四肢生长速度高于躯干的生长速度。但这一时期，女童的发育速度大于男童，其身高、体重都会略高于男童，男童的宽肩与女童的细腰宽臀逐渐形成了鲜明的对比。在 10 岁之前，男女童身高每年增长约 5cm，10 岁之后女童逐渐减少，而男童仍然增长 5cm 左右；10 岁之前男女童胸围每年增长约 2cm，10 岁之后每年增长约 3cm；腰围女童每年增长约 1cm，男童10 岁之前每年增长约 1cm，10 岁之后每年增长约 2cm；男女童手臂长每年增长约 2cm；上裆长女童每年的增长大于男童。

在这个时期，儿童的生活范围从幼儿园、家庭转到学校，学校成为生活的中心，男女儿童的性格、体型差异变得越来越明显。由于受到膳食营养、吸收和遗传等方面的影响，儿童发育快慢、早晚有所不同，致使该阶段儿童的体型、身高、胖瘦也有所不同。同时，随着年龄的增加，儿童个体之间的性格、爱好等也会出现很大的差异。

此年龄段童装设计需考虑到学校集体生活的需要，能适应课堂和课外活动的特点，款式设计不宜过于烦琐、华丽，一般采用组合形式的服装，以上衣、背心、裙子、长裤等组合搭配为宜。6～12 岁的儿童，身体正处于发育阶段；10 岁以上的女孩，其腰线、肩线和臀位线已明显可辨，身材也日渐苗条。服装造型可以是 A 型、H 型、X 型等近似成人的轮廓造型。年龄较小的儿童生长发育较快，宽松的没有清晰肩宽的插肩袖非常合适，但为了使整体效果显得端庄，这个年龄段的童装也常采用装袖结构，袖的造型有灯笼袖、衬衫袖和荷叶边袖等。男学童在心理上希望具有男子汉气概，日常运动和游戏的范围也越来越广，因此男学童的夏季服装通常由 T 恤、衬衣、长裤、短裤组合而成。在该年龄段的校服设计，应具有一定的标志性和运动机能性，设计款式应具有可调节性和组合性。学童服装造型特征如图 2-38所示。

这一时期儿童成长迅速，活动量大，活动范围广，自主意识增强，面料的选择范围较广，要求质地轻、去污容易、耐磨、易洗。各种面料的混合运用极为普遍，但日常生活服装仍以棉、麻、丝、毛等天然纤维或混纺面料为主。为了满足儿童追求新奇的心理要求，一些较为时尚

图 2-38　学童服装造型特征

新颖的面料，如反光条纹的安全面料、加莱卡的防雨面料等也可作为此年龄段儿童服装面料的选择。

一、学童上装

1. 无领无袖女学童上衣

（1）款式说明：较宽松设计，无领，荷叶边袖，前胸有分割线设计及细小褶裥，前门襟为明贴边设计，腰部橡皮筋抽褶。款式设计如图 2-39 所示。

（2）适合年龄：6 ~ 8 岁儿童，身高 110 ~ 130cm。

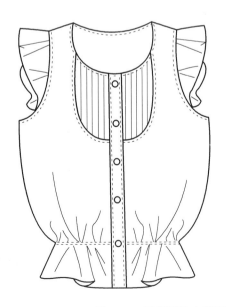
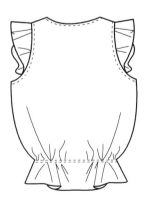

图 2-39　无领无袖女学童上衣款式设计图

（3）规格设计：后衣长 = 后背长 +（15 ~ 20）cm；

胸围 = 净胸围 + 14cm。

身高 110 ~ 130cm 无领无袖女学童上衣各部位规格尺寸见表 2-18。

表2-18　无领无袖女学童上衣各部位规格尺寸　　　　　　　　单位：cm

身高	后衣长	胸围	后领深	前领深	领宽	后袖窿深	前袖窿深
110	39	70	1.5	7.3	8.2	15	14
120	43	74	1.5	7.5	8.4	15.5	14.5
130	47	78	1.5	7.7	8.6	16	15

（4）结构制图：身高 120cm 无领无袖女学童上衣结构设计图如图 2-40 所示。

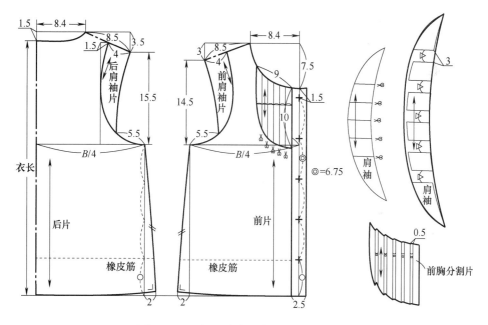

图 2-40　无领无袖女学童上衣结构设计图

（5）原材料说明：前后衣片、拼接片、门襟、荷叶边袖均采用机织纯棉平布、棉麻布等薄型机织面料。

2. 男童小翻领短袖衬衫

（1）款式说明：较宽松设计，小翻领，半袖，前中心开口系扣，前胸分割线有袋盖装饰。款式设计如图 2-41 所示。

（2）适合年龄：6 ~ 8 岁儿童，身高 110 ~ 130cm。

（3）规格设计：后衣长 = 后背长 +（15 ~ 20）cm；

胸围 = 净胸围 + 14cm。

身高 110 ~ 130cm 男童小翻领短袖衬衫各部位规格尺寸见表 2-19。

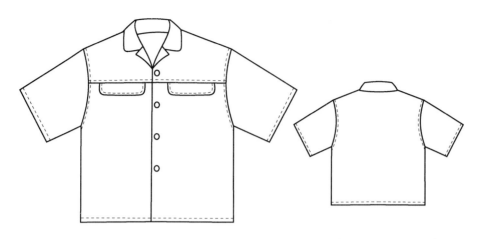

图 2-41　男童小翻领短袖衬衫款式设计图

表2-19　男童小翻领短袖衬衫各部位规格尺寸　　　　　　　　单位：cm

身高	后衣长	胸围	袖长	肩宽	后领深	前领深	领宽	前袖隆深	后袖隆深
110	41	70	14	28	2	6.4	5.9	16.5	17
120	45	74	15	29	2	6.6	6.1	17	17.5
130	49	78	16	30	2	6.8	6.3	17.5	18

（4）结构制图：身高 120cm 男童小翻领短袖衬衫结构设计图如图 2-42 所示。

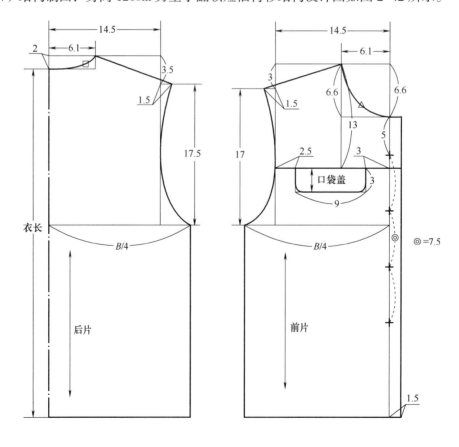

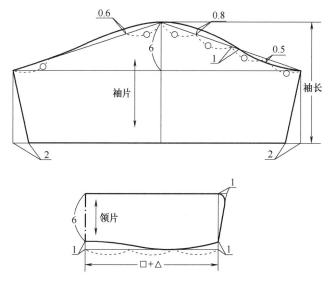

图 2-42　男童小翻领短袖衬衫结构设计图

（5）原材料说明：前后衣片、袖片、口袋均采用机织纯棉或涤棉平布、棉麻布等薄型机织面料，既可采用素色面料也可采用印染或色织面料。

3. **学童肩袖女衬衫**

（1）款式说明：针织翻领女衬衫，连翻领设计，领子明线装饰；小肩袖设计，泡泡袖，袖口处双明线绷缝；前胸分割设计，分割线下抽碎褶，增加穿着的舒适性；前中心设门襟、里襟，3 粒扣系结；下摆略有展开，双明线绷缝。款式设计如图 2-43 所示。

（2）适合年龄：6 ~ 8 岁儿童，身高 110 ~ 130cm。

图 2-43　学童肩袖女衬衫款式设计图

（3）规格设计：后衣长 = 身高 × 0.4 + （0 ~ 4）cm；

胸围 = 净胸围 + 10cm；

肩宽 = 总肩宽 – （1 ~ 3）cm。

身高 110 ~ 130cm 学童肩袖女衬衫各部位规格尺寸见表2-20。

表2-20　学童肩袖女衬衫各部位规格尺寸　　　　　　　单位：cm

身高	后衣长	胸围	袖长	肩宽	领口宽	前领深	后领深	后袖窿深	前袖窿深
110	48	66	7	27	6.8	6.3	1.5	14	13.5
120	50	70	8	28	7	6.5	1.5	14.5	14
130	52	74	9	29	7.2	6.7	1.5	15	14.5

（4）结构制图：身高 120cm 学童肩袖女衬衫结构设计图如图 2-44 所示。

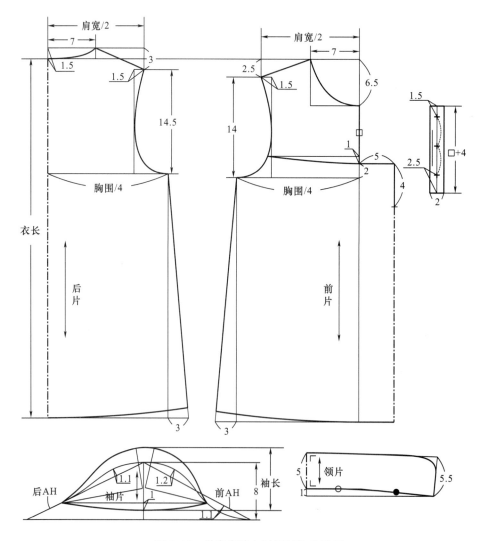

图 2-44　学童肩袖女衬衫结构设计图

（5）原材料说明：前后衣片、袖片、领片、前门襟均采用针织棉毛布或珠地网眼面料，3 粒合适大小纽扣。

二、学童裤装
1. 学童八分裤

（1）款式说明：裤型为直筒型；前片挖袋装有拉链，侧缝处缉缝带兜盖的贴袋，膝盖两侧压缝褶裥，便于活动。款式设计如图 2-45 所示。

图 2-45　学童八分裤款式设计图

（2）适合年龄：6 ~ 8 岁，身高 110 ~ 130cm。

（3）规格设计：裤长 =（腰围高 −2cm）× 0.8 +（0 ~ 2）cm；

臀围 = 净臀围 +（18 ~ 20）cm；

腰围（抽橡皮筋后尺寸）= 净腰围 −（5 ~ 6）cm。

身高 110 ~ 130cm 学童八分裤各部位规格尺寸见表 2-21。

表2-21　学童八分裤各部位规格尺寸　　　　　　　单位：cm

身高	裤长	臀围	腰围	上裆长	裤口宽	腰头宽
110	52	73	45	19	17	3
120	58	78	48	20	18	3
130	64	83	51	21	19	3

（4）结构制图：身高 120cm 学童八分裤结构设计图如图 2-46 所示。

（5）原材料说明：前后裤片、后育克、口袋均采用机织纯棉平布或薄斜纹布，10cm 长口袋拉链 2 条，4 粒合适大小按扣，腰头内抽橡皮筋。

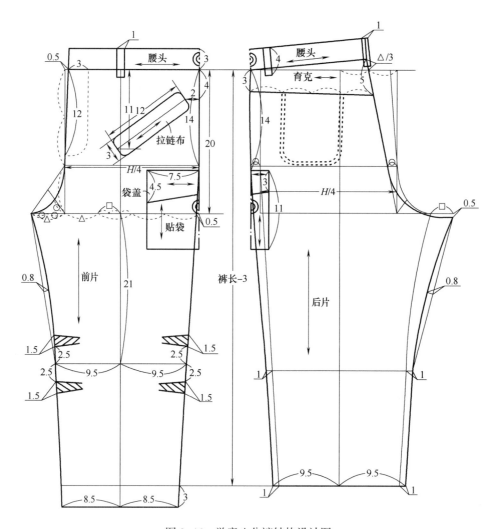

图 2-46　学童八分裤结构设计图

2. 学童牛仔短裤

（1）款式设计：较合体设计，前身设计平插袋，腰部绱腰头，后臀部设计育克和装饰贴袋。款式设计如图 2-47 所示。

图 2-47　学童牛仔短裤款式设计图

（2）适合年龄：6～8岁男童，身高110～130cm。

（3）规格设计：裤长＝上裆长＋（5～10）cm；

腰围＝净腰围＋2cm；

臀围＝净臀围＋6cm。

身高110～130cm学童牛仔短裤各部位规格尺寸见表2-22。

表2-22　学童牛仔短裤各部位规格尺寸　　　　　　　　　　单位：cm

身高	裤长	腰围	臀围	上裆长（不含腰头）
110	29	55	65	22
120	31	58	70	23
130	33	61	75	24

（4）结构制图：身高120cm儿童牛仔短裤结构设计图如图2-48所示。

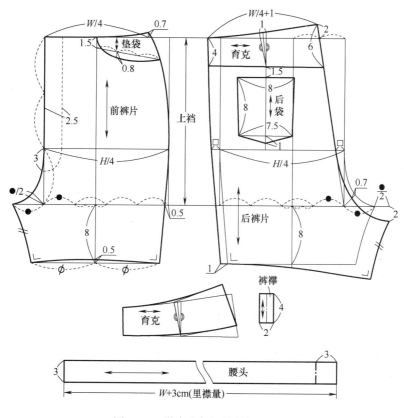

图2-48　学童牛仔短裤结构设计图

（5）原材料说明：前后裤片、后育克、口袋、垫带、门襟、腰头、裤襻等均采用薄牛仔面料。

3. 女童背带短裤

（1）款式说明：适合女童的多褶背带短裤，宽松设计，腰部抽褶，腿部抽橡皮筋，窄背带设计。款式设计如图 2-49 所示。

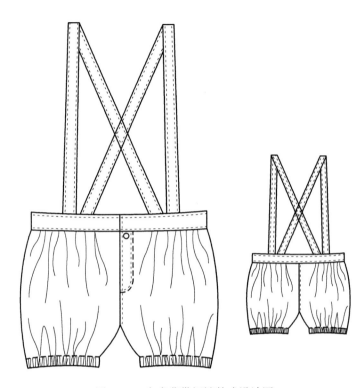

图 2-49　女童背带短裤款式设计图

（2）适合年龄：6 ~ 8 岁，身高 110 ~ 130cm。

（3）规格设计：裤长 = 上裆长 +（8 ~ 10）cm；

　　　　　　　腰围 = 净腰围 + 2cm；

　　　　　　　臀围 = 净臀围 + 6cm。

身高 110 ~ 130cm 女童背带短裤各部位规格尺寸见表 2-23。

表2-23　女童背带短裤各部位规格尺寸　　　　　单位：cm

身高	裤长	腰围	臀围	上裆长（不含腰头）
110	29	55	65	22
120	31	58	70	23
130	33	61	75	24

（4）结构制图：身高 130cm 女童背带短裤结构设计图如图 2-50 所示。

（5）原材料说明：前后裤片、门襟、腰头、背带等均采用机织纯棉平布或薄斜纹布，也可采用针织棉毛布。

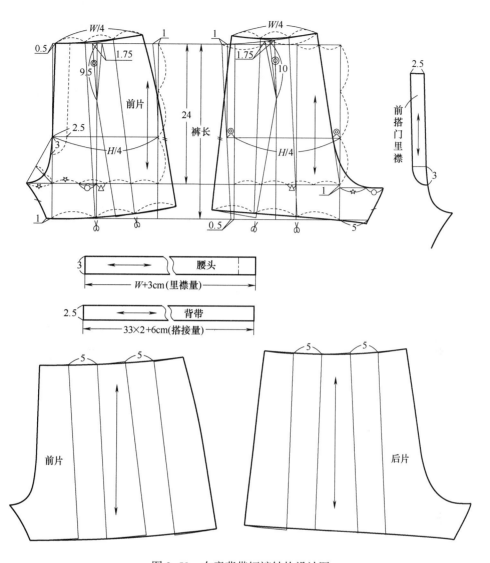

图 2-50　女童背带短裤结构设计图

三、学童裙装

1. 学童半身裙

（1）款式说明：膝盖以上半身塔裙，腰部抽橡皮筋，三层分线设计使裙子更蓬松，前中心设计同色蝴蝶结。款式设计如图 2-51 所示。

（2）适合年龄：6 ~ 8 岁，身高 110 ~ 130cm。

（3）规格设计：裙长 = 身高 × 0.25 +（0 ~ 2）cm；

腰围（抽橡皮筋后尺寸）= 净腰围 – 6cm；

腰围（拉展后尺寸）= 净腰围 + 14cm。

身高 110 ~ 130cm 学童半身裙各部位规格尺寸见表 2-24。

图 2-51　学童半身裙款式设计图

表2-24　学童半身裙各部位规格尺寸　　　　　　　　　　　单位：cm

身高	裙长	抽橡皮筋后腰围	拉展后腰围	腰头宽
110	28	47	67	3
120	31	50	70	3
130	34	53	73	3

（4）结构制图：身高120cm学童半身裙结构设计图如图2-52所示。

（5）原材料说明：前后裙片、腰头、蝴蝶结等均采用泡泡纱、涤麻混纺薄平纹布或涤纶麻纱面料等，腰头内抽橡皮筋，橡皮筋长度为抽橡皮筋后腰围尺寸。

2. 学童连衣裙

（1）款式说明：无袖连衣裙，扁领设计，前中心假开口，3粒扣装饰，腰部分割线，裙子抽碎褶，腰带在后中心系结。款式设计如图2-53所示。

（2）适合年龄：6～8岁，身高110～130cm。

（3）规格设计：裙长 = 身高×0.5 +（0～2）cm；

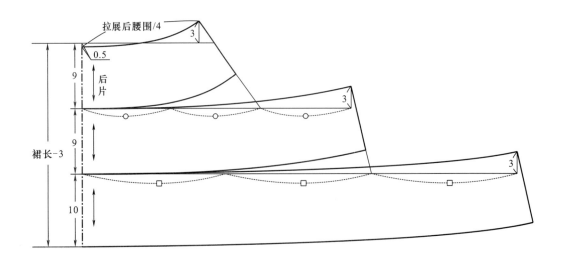

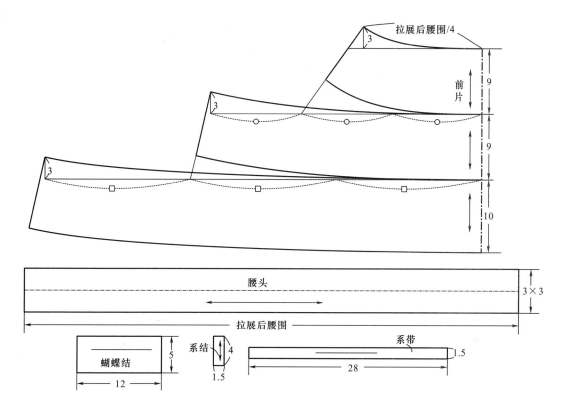

图 2-52　学童半身裙结构设计图

图 2-53　学童连衣裙款式设计图

胸围 = 净胸围 +10cm；

肩宽为设计量。

身高 110 ~ 130cm 学童连衣裙各部位规格尺寸见表 2-25。

表2-25　学童连衣裙各部位规格尺寸　　　　　　　　　　单位：cm

身高	裙长	胸围	背长	肩宽	领口宽	后袖窿深	前袖窿深
110	57	66	26	25	7.3	14	13.5
120	62	70	28	26	7.5	14.5	14
130	67	74	30	27	7.7	15	14.5

（4）结构制图：身高120cm学童连衣裙结构设计图如图2-54所示。

（5）原材料说明：前后裙片、系带等均采用泡泡纱、涤麻混纺薄平纹布或涤纶麻纱面料等，领片既可采用同种同色面料，也可采用漂白涤棉面料。

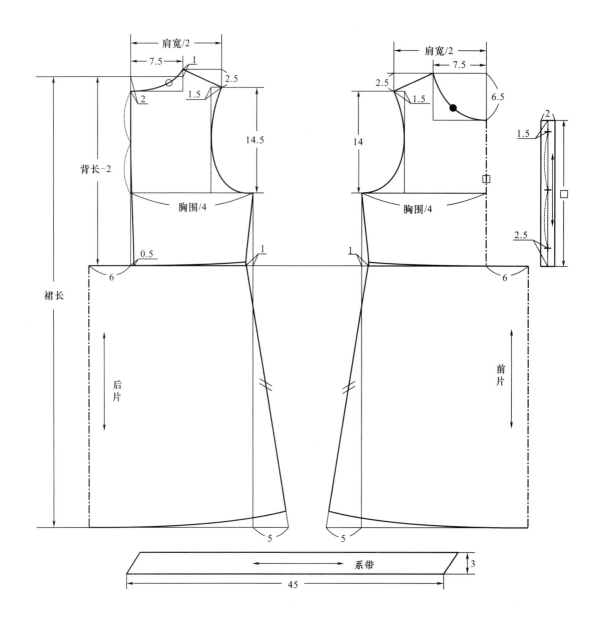

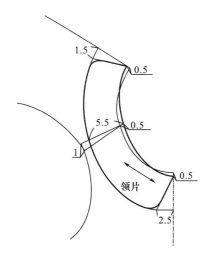

图 2-54 学童连衣裙结构设计图

第四节 少年服装

12 ~ 15 周岁的中学生时期为少年期，这是少年身体和精神发育成长明显的阶段，也是少年逐渐向青春期转变的时期，他们的体型变化很快，身体增长迅速，身高约为头长的 7 ~ 7.5 倍。女孩的胸部发育明显，胯骨和小腿变粗，腰部也显示出来。男孩的肩部变平变宽，身高和体重也明显增加。男童身高每年增长约 5cm，女童由 5cm 逐渐减为 1cm；男女童胸围每年增长约 3cm，腰围男童每年增长约 2cm，女童增长约 1cm；手臂长男女童每年增长约 2cm；上裆长男童每年增长约 0.4cm，女童每年增长约 0.6cm。这一时期的儿童身体各部位比例虽接近成人，但还显得比较单薄。由于生理的显著变化，心理上也很注意自身的发育，情绪易于波动，喜欢表现自我，因此，少年期是一个动荡不定的时期。

因为少年期处于一种半幼稚、半成熟的状态，这一时期是独立性与依赖性、自觉性与幼稚性相互矛盾的时期，因此最容易接受文化的影响，也是形成世界观、价值观的时期。这一时期的服装款式要设计得简洁大方、适体合身，突出时代潮流。其主要款式有：适合时代潮流的多功能套装，牛仔装系列，以实用性能为基础的运动便装，以及以时尚、休闲为主的休闲系列等。紧张而单调的学习更需要强健的体魄，如滑雪运动、水上游戏、徒步跋涉和假日休闲旅游等，因此休闲运动装备受少年的青睐。

校服是这一年龄段儿童穿着的主要服装，目前多数中学校服采用深蓝色，给校园增添了庄重和宁静的气氛。中学校服在款式和用色及装饰方面可以丰富一些，用色方面以素雅为主，款式以宽松为宜，如果颜色过于艳丽，款式过于暴露，对青春期发育的中学生的视觉和学习环境都会带来不利的影响。款式宽松有利于少年的生长发育，也适宜于他们运动强度的增加。少年校服在衣领、口袋、腰带、裙边、袖摆等处可变化多样，这些部位可与服装主体颜色相差别，并设计成不同的样式和图案。设计时，男装要体现出一种阳刚之气和青春活力，女装力求文雅秀美，使中学校园充满朝气，又不失凝重的学习氛围。

少年时期的服装面料选择范围较广，以体现不同的服装风格特点，各种天然纤维、合成纤维和混纺织物都有比较广泛的应用。

少年服装造型特征如图 2-55 所示。

图 2-55　少年服装造型特征

一、少女上装

1. 少女短袖长衬衫

（1）款式说明：较合体短袖长衬衫，胸部有贴袋及袋盖，前片断肩设计，臀部装饰腰带，明贴边，下摆处为荷叶边装饰。款式设计如图 2-56 所示。

（2）适合年龄：12 ~ 15 岁，身高 140 ~ 160cm。

（3）规格设计：衣长为设计量，衣长 = 背长 +（30 ~ 40）cm；

胸围 = 净胸围 + 12cm；

腰围 = 胸围 − 6cm。

身高 140 ~ 160cm 少女短袖长衬衫各部位规格尺寸见表 2-26。

表2-26　少女短袖长衬衫各部位规格尺寸　　　　　　　　单位：cm

身高	衣长	胸围	腰围	袖长	肩宽	下摆	领宽	后领深	前领深
140	65	72	68	8	33	98	6.6	1.8	6.9
150	70	80	74	10	35	106	7	2	7.3
160	75	88	80	12	37	114	7.4	2.2	7.7

图 2-56　少女短袖长衬衫款式设计图

（4）结构制图：身高 150cm 少女短袖长衬衫结构设计如图 2-57 所示。

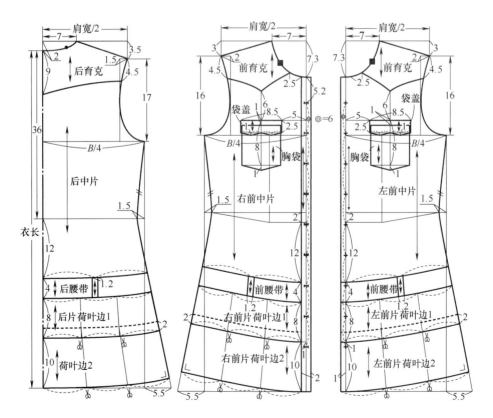

图 2-57

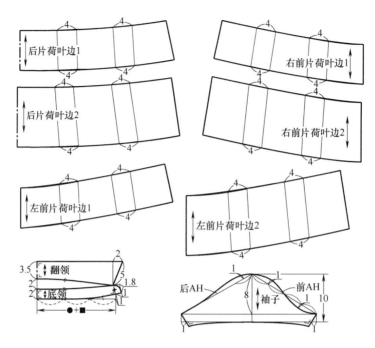

图 2-57　少女短袖长衬衫结构设计图

（5）原材料说明：前后衣片、袖子、胸袋、袋盖、断肩、腰带等均采用纯棉或涤棉素色条纹面料、色织格或印染格面料、涤麻混纺或涤纶麻纱面料等，下摆荷叶边可采用与衣身相同面料或与衣身相符的蕾丝边等，10 粒合适大小前门襟纽扣，4 粒合适大小胸袋纽扣。

2. 少女假两件 T 恤

（1）款式说明：合体假两件 T 恤，泡泡短袖，前胸后背印花布拼接，拼接处绲边，领口、袖口绲边，袖口绲边内加橡皮筋，前左下摆印花，与拼接印花布呼应设计，前领下蝴蝶结装饰。款式设计如图 2-58 所示。

图 2-58　少女假两件 T 恤款式设计图

（2）适合年龄：12 ~ 15 岁，身高 140 ~ 160cm。

（3）规格设计：衣长为设计量，衣长 = 背长 +（30 ~ 40）cm；

胸围 = 净胸围 + 8cm；

肩宽 = 总肩宽 – 3cm。

身高 140 ~ 160cm 少女假两件 T 恤各部位规格尺寸见表 2-27。

表2-27　少女假两件T恤各部位规格尺寸　　　　　　　　　　　　　　单位：cm

身高	衣长	胸围	袖长	肩宽	领口宽	后领深	前领深
140	46	72	9	31	7.5	3	7.5
150	48	80	12	34	8	3	8
160	50	88	15	37	8.5	3	8.5

（4）结构制图：身高 150cm 少女假两件 T 恤结构设计如图 2-59 所示。

（5）原材料说明：前后衣片、袖子、蝴蝶结、系带均采用针织汗布或棉毛布，前胸、后背拼接布为印花布，成分既可是纯棉也可是醋酯纤维，各部位绲边采用纬编 1+1 罗纹面料。

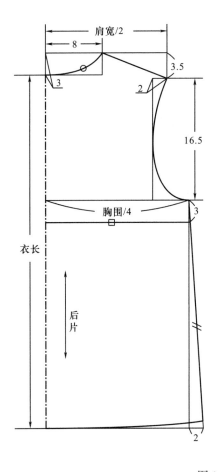
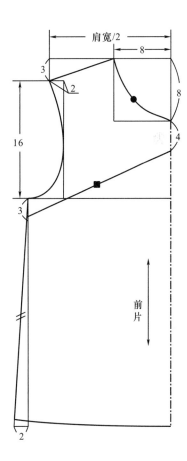

图 2-59

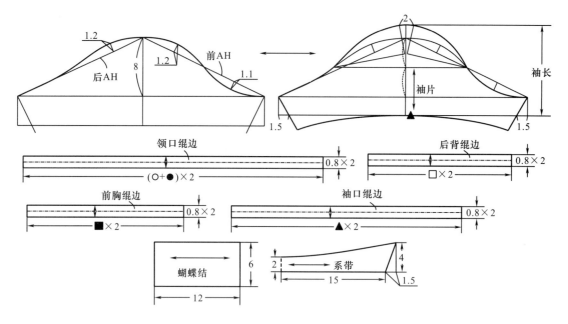

图 2-59　少女假两件 T 恤结构设计图

二、少年半袖 T 恤

（1）款式说明：针织半袖 T 恤，简单翻领，前门襟有搭门和系扣。款式设计如图 2-60 所示。

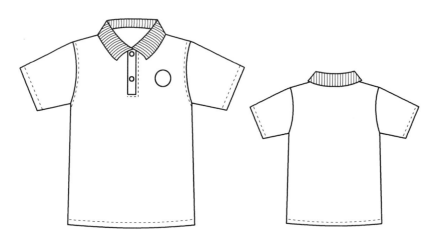

图 2-60　少年半袖 T 恤款式设计图

（2）适合年龄：12 ~ 15 岁，身高 150 ~ 170cm。

（3）规格设计：衣长 = 身高 × 0.4；

　　　　　　　　胸围 = 净胸围 + （16 ~ 20）cm；

　　　　　　　　肩宽 = 净肩宽 + （2 ~ 3）cm；

袖长 = 全臂长 × 0.4；

领口宽 = 颈围 /5 +（1.5 ~ 2）cm。

身高 150 ~ 170cm 少年半袖 T 恤各部位规格尺寸见表 2-28。

表2-28 少年半袖T恤各部位规格尺寸 单位：cm

身高	衣长	胸围	肩宽	袖长	袖口	领宽	前领深	后领深
150	60	90	40	20	16	8	6	2
160	64	98	42	21	17	8.5	6	2
170	68	106	44	22	18	9	6	2

（4）结构制图：身高 150cm 少年半袖 T 恤结构设计图如图 2-61 所示。

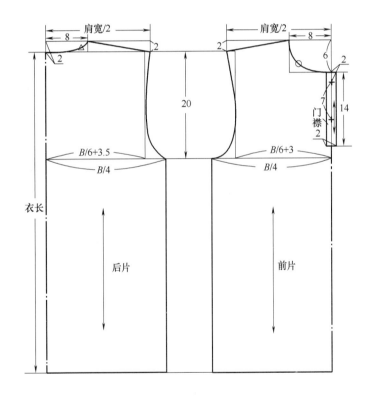

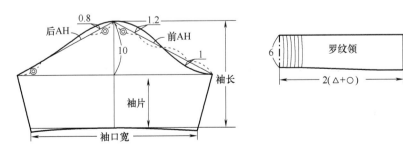

图 2-61 少年半袖 T 恤结构设计图

（5）原材料说明：前后衣片、袖子均采用棉毛布或珠地网眼针织面料，成分既可是纯棉又可是醋酯纤维，领子采用罗纹面料。

三、少年裤装

1. 少女抽褶短裤

（1）款式说明：适合少女的多褶短裤，较宽松设计；前后片都有纵向分割，侧面为缉缝抽橡皮筋的贴袋；裤口与贴边结合处抽碎褶，腰部抽橡皮筋。款式设计如图 2-62 所示。

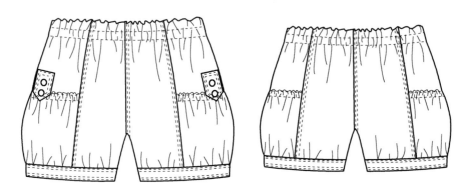

图 2-62　少女抽褶短裤款式设计图

（2）适合年龄：12 ~ 15 岁，身高 145 ~ 155cm。

（3）规格设计：裤长 = 腰围高 /2 –（4 ~ 6）cm；

臀围 = 净臀围 +（20 ~ 22）cm；

腰围（收橡皮筋后尺寸）= 净腰围 –（4 ~ 5）cm。

身高 145 ~ 155cm 少女抽褶短裤各部位规格尺寸见表 2-29。

表2-29　少女抽褶短裤各部位规格尺寸　　　　　　　　　　单位：cm

身高	裤长	臀围	腰围	上裆长	腰头宽	裤口贴边长	裤口贴边宽
145	40	98	55	24	3.5	46	4.5
150	41	102	58	25	3.5	48	4.5
155	42	106	61	26	3.5	50	4.5

（4）结构制图：身高 155cm 少女抽褶短裤结构设计图如图 2-63 所示。

（5）原材料说明：前后裤片、口袋、贴边等既可采用机织纯棉或涤棉平纹或斜纹面料，又可采用针织棉毛布。

2. 少年休闲七分裤

（1）款式说明：适合少年的休闲七分裤，宽松设计；裤身有较多的曲线分割，动感较强；腰头抽橡皮筋，斜插袋。款式设计如图 2-64 所示。

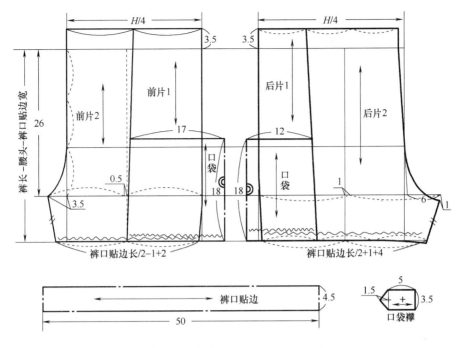

图 2-63　少女抽褶短裤结构设计图

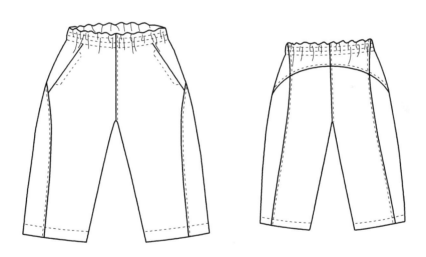

图 2-64　少年休闲七分裤款式设计图

（2）适合年龄：12 ~ 15 岁，身高 150 ~ 170cm。

（3）规格设计：裤长 =（腰围高 –2）× 0.7 –（0 ~ 3）cm；

　　　　　　　臀围 = 净臀围 +（24 ~ 26）cm；

　　　　　　　腰围（抽橡皮筋后尺寸）= 净腰围 –（4 ~ 5）cm。

身高 150 ~ 170cm 少年休闲七分裤各部位规格尺寸见表 2-30。

表2-30　少年休闲七分裤各部位规格尺寸　　　　　　　　　　　　单位：cm

身高	裤长	腰围	臀围	上裆长	裤口宽	腰头宽
150	60	56	98	25	23	3.5
160	64	62	106	26	24.5	3.5
170	68	68	114	27	26	3.5

（4）结构制图：身高150cm少年休闲七分裤结构设计图如图2-65所示。

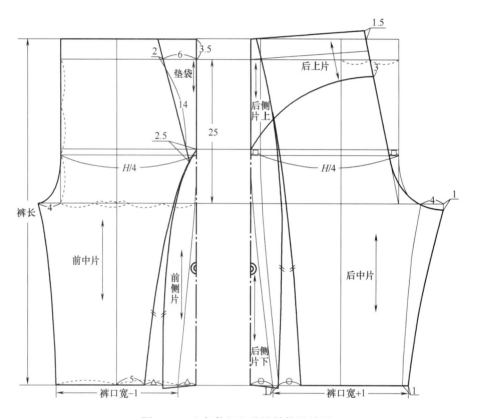

图2-65　少年休闲七分裤结构设计图

（5）原材料说明：前后裤片等可采用机织纯棉或涤棉平纹或斜纹面料、涤麻等，即凉爽保型性又好的面料，也可采用针织涤盖棉面料，腰头内抽橡皮筋。

四、少女裙装

1. 少女半身裙

（1）款式说明：膝盖以上半身裙，臀部有分割线，罗纹腰头，罗纹内抽橡皮筋，有碎褶、褶裥装饰，前后片款式相同。款式设计如图2-66所示。

（2）适合年龄：12～15岁，身高140～160cm。

（3）规格设计：裙长为设计量；

图 2-66　少女半身裙款式设计图

收橡皮筋后腰围 = 净腰围 - 2cm；

拉展后腰围 = 净腰围 +（28 ~ 30）cm；

臀围 = 净臀围 + 16cm。

身高 140 ~ 160cm 少女半身裙各部位规格尺寸见表 2-31。

表2-31　少女半身裙各部位规格尺寸

单位：cm

身高	裙长	腰围（平量）	腰围	臀围	分割线上尺寸
140	35.5	50	81	82	16
150	38.5	56	87	91	17
160	41.5	62	93	100	18

（4）结构制图：身高 150cm 少女半身裙结构设计图如图 2-67 所示。

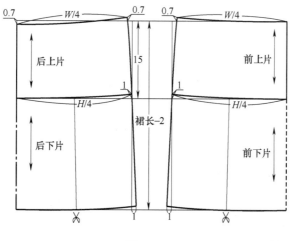

图 2-67

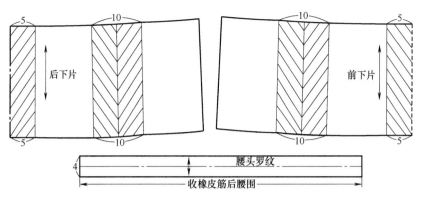

图 2-67 少女半身裙结构设计图

（5）原材料说明：前后裙片可采用机织纯棉、麻、蚕丝或涤棉平纹面料，也可采用薄型针织涤盖棉面料。

2. **少女连衣裙**

（1）款式说明：合体收腰连衣裙，正常腰位，扁领，公主线设计，前中心系扣，蝴蝶结装饰。款式设计如图 2-68 所示。

图 2-68 少女连衣裙款式设计图

（2）适合年龄：12 ~ 15 岁，身高 140 ~ 160cm。

（3）规格设计：衣长 = 背长 +（45 ~ 50）cm；

胸围 = 净胸围 + 10cm；

腰围 = 净腰围 + 8cm；

肩宽 = 净肩宽 - 1cm。

身高 140 ~ 160cm 少女连衣裙各部位规格尺寸见表 2-32。

表2-32　少女连衣裙各部位规格尺寸

单位：cm

身高	衣长	背长	胸围	腰围	肩宽	前袖窿深	后袖窿深	领口宽	后领深	前领深	翻领宽
140	77	32	70	60	32.8	14.7	15.5	7.2	1.8	7.6	11
150	83	34	78	66	35.2	15.7	16.5	7.6	2	8	11
160	89	38	86	72	37.6	16.7	17.5	8.0	2.2	8.4	11

（4）结构制图：身高150cm少女连衣裙结构设计图如图2-69所示。

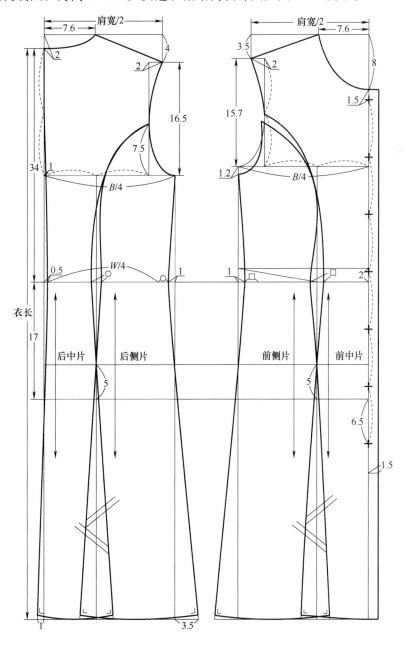

图 2-69

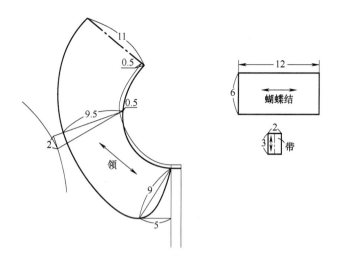

图 2-69　少女连衣裙结构设计图

（5）原材料说明：前后裙片可采用机织纯棉、蚕丝、涤棉或涤纶仿麻平纹面料，衣领既可采用与衣身相同面料，也可采用涤棉漂白或合适颜色的机织平纹面料。

思考与练习

1. 分别针对婴儿、幼儿、学童和少年体型特点设计夏季上衣各一件，绘制结构图，并分析材料的使用。

2. 分别针对婴儿和学童设计夏季裤装各一条，绘制结构图，并分析其结构和材料上的差异。

春秋季日常童装结构设计

课程名称：春秋季日常童装结构设计

课程内容：1．婴儿服装。

2．幼儿服装。

3．学童服装。

4．少年服装。

上课时数：12课时

教学提示：讲解春秋季气候特点和对服装的要求；介绍婴儿期、幼儿期、学童期和少年期在春秋季服装款式选择中的区别、在结构制图及结构细节处理中的区别、在面料选择中的区别。

教学要求：1．使学生了解春秋季各年龄段童装的常见款式。

2．使学生掌握春秋季成衣规格设计的方法及规律。

3．使学生掌握春秋各类童装结构制图的方法、细节处理方式及与成人的区别。

4．使学生掌握春秋季童装面料的选择，了解不同年龄段童装面料的差异。

课前准备：选择品牌童装流行款式图片及视频资料、春秋季童装面料样卡和童装样衣等，作为本章节理论联系实际的教学参考。

第三章　春秋季日常童装结构设计

　　儿童处于生长发育期，皮肤娇嫩，较小的儿童生理调节功能不健全，对外界环境的抵抗力较弱，因此，童装要有利于保持儿童身体正常的温度平衡和湿度平衡。春秋季节气温相对较低，风沙较大，服装应具有良好的保暖功能和挡风功能，应具有应对环境突变、保护儿童健康的安全卫生性能。

第一节　婴儿服装

　　婴儿春秋季上装最好要有领、有袖，以起到对颈部、肩部等的保暖作用，但应注意领子和袖子的舒适性。在结构设计上应符合婴儿颈部较短的特征，领座设计不宜太高，装饰不宜太复杂。袖子应采用长袖设计，袖山不宜太高，以适应婴儿的"大"字体位；应遵循科学育儿的观念，袖长不宜太长；袖口可采用普通散口或抽褶、抽带的形式，但应注意袖口松量，袖口不宜紧勒婴儿腕部。

　　婴儿春秋季裤装形式有一片式裤装和两片式裤装，款式分为分体式裤装和连身裤装。分体式裤装应注意腰部的处理形式，多采用腰部抽带，不宜采用橡皮筋以对婴儿腹部造成束缚。连身裤装既能适合儿童凸出的腹部，增加舒适性，同时又能增加保暖性。连身裤装应注意穿脱和更换尿布的方便。

　　婴儿春秋季贴身服装面料可选用针织棉毛、线圈和起绒织物，外衣可选用纯棉纱卡、灯芯绒等织物。

一、婴儿上装

1. 婴儿长袖衬衫

　　（1）款式说明：较宽松设计，无领，长袖，前胸有分割线，袖窿及前胸分割线处有装饰条，前中心开口系扣。款式设计如图3-1所示。

　　（2）适合年龄：3~9个月，身高59~73cm。

　　（3）规格设计：后衣长＝背长＋（10~15）cm；

胸围＝净胸围＋14cm；

肩宽＝净肩宽＋4cm；

袖长＝手臂长－2cm；

图 3-1 婴儿长袖衬衫款式设计图

领宽 = 颈根围 /5 + 0.2cm。

身高 59 ~ 73cm 婴儿长袖衬衫各部位规格尺寸见表 3-1。

表3-1 婴儿长袖衬衫各部位规格尺寸　　　　　　　　单位：cm

身高	后衣长	胸围	肩宽	袖长	领宽	后领深	前领深	袖窿深	袖口宽
59	30	54	22	17	4.7	1.5	5.2	13	10
66	32	58	23	19	4.9	1.5	5.4	14	10
73	34	62	24.5	21	5.1	1.5	5.6	15	10

（4）结构制图：身高 66cm 婴儿长袖衬衫结构设计图如图 3-2 所示。

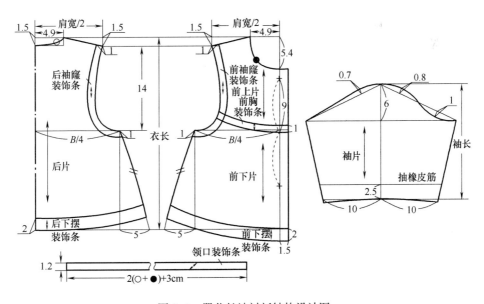

图 3-2 婴儿长袖衬衫结构设计图

（5）原材料说明：前后衣片、袖片采用针织棉毛布或机织纯棉薄平纹布，各部位装饰条既可采用与衣身同种同色面料，也可采用颜色较亮的装饰性面料，3 粒合适大小纽扣。

2. 婴儿长袖外套

（1）款式说明：合体小披肩短外套，无领，长袖，前片圆摆设计，领口、袖口、衣摆绲边，领口1粒扣，前左右片不对称印花装饰。款式设计如图3-3所示。

图3-3　婴儿长袖外套款式设计图

（2）适合年龄：6～12个月，身高66～80cm。

（3）规格设计：后衣长 = 身高 × 0.4 –（0～2）cm；

胸围 = 净胸围 + 10cm；

肩宽 = 净肩宽 – 1cm；

袖长 = 手臂长 – 2cm。

身高66～80cm婴儿长袖外套各部位规格尺寸如表3-2所示。

表3-2　婴儿长袖衬衫各部位规格尺寸　　　　　　　　　　单位：cm

身高	后衣长	胸围	肩宽	袖长	领口宽	后领深	前领深	袖窿深	袖口宽
66	26	50	21	23	5	1.5	5	13.5	10
73	28	54	22	24	5.5	1.5	5.5	14	10
80	30	58	23	25	6	1.5	6	14.5	10

（4）结构制图：身高80cm婴儿长袖外套结构设计图如图3-4所示。

（5）原材料说明：前后衣片、袖片采用经平组织面料，各部位绲边采用罗纹面料，1粒大小合适的纽扣。

3. 婴儿小披风

（1）款式说明：婴儿连帽小披风，前衣摆圆摆设计，前中心门襟，3粒扣系结，连帽有横向分割线，分割线上夹两个帽耳，帽体图案装饰。款式设计如图3-5所示。

（2）适合年龄：0～12个月，身高53～80cm。

（3）规格设计：后衣长为设计量；

胸围 = 净胸围 +（8～10）cm；

肩宽 = 净肩宽 +（4～6）cm。

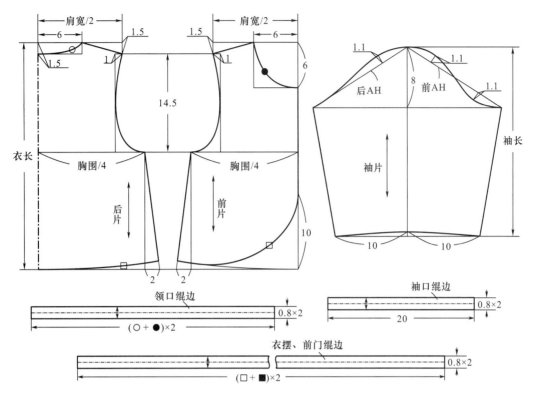

图 3-4　婴儿长袖外套结构设计图

图 3-5　婴儿小披风款式设计图

身高 53 ～ 80cm 婴儿小披风各部位规格尺寸如表 3-3 所示。

表3-3　婴儿小披风各部位规格尺寸

单位：cm

身高	后衣长	肩宽	下摆	领围	头围
53 ~ 66	32	29	65	30	40
73 ~ 80	33.5	30	70	32	46

（4）结构制图：身高 53 ~ 80cm 婴儿小披风结构设计图如图 3-6 所示。

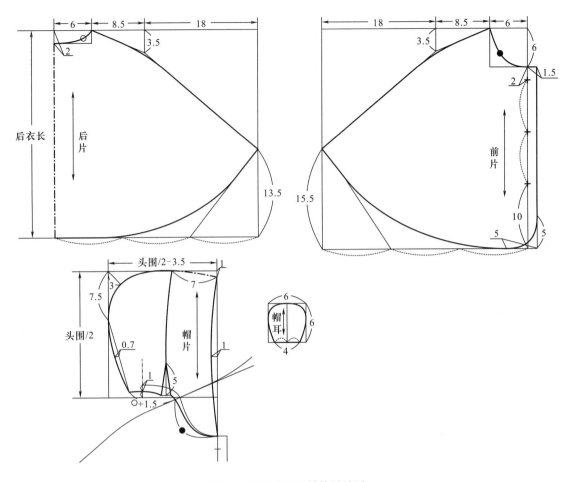

图 3-6　婴儿小披风结构设计图

（5）原材料说明：前后衣片、帽片、帽耳均采用颜色鲜艳的丝绒面料，里料采用手感柔软的棉绒，3 粒大小合适的纽扣。

二、婴儿裤装

1. 婴儿抽绳长裤

（1）款式说明：宽松设计，腰部抽带，裆部开口，方便更换尿布，适合较小婴儿穿着。款式设计如图 3-7 所示。

（2）适合年龄：0 ~ 6 个月，身高 52 ~ 66cm。

（3）规格设计：裤长 = 身高 × 0.6 + （0 ~ 2）cm；

臀围 = 净臀围 + 16cm；

腰围 = 臀围尺寸。

身高 52 ~ 66cm 婴儿抽绳长裤各部位规格尺寸见表 3-4。

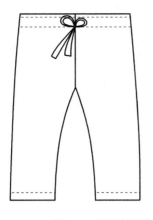

图 3-7　婴儿抽绳长裤款式设计图

表3-4　婴儿抽绳长裤各部位规格尺寸　　　　　　　　　　　　　　单位：cm

身高	裤长	臀围	上裆长
52	31	56	14
59	36	58	15
66	41	60	16

（4）结构制图：59cm 婴儿抽绳长裤结构设计图如图 3-8 所示。

（5）原材料说明：前后裤片均采用针织汗布或棉毛布。

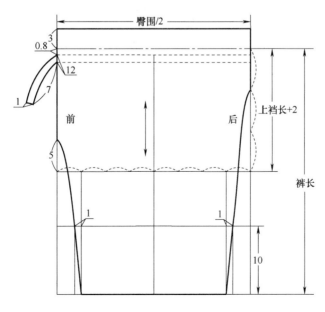

图 3-8　婴儿抽绳长裤结构设计图

2. 婴儿连身长裤

（1）款式说明：宽松长裤设计，档部开口，腰部抽褶，后中心开口系扣，脚口外翻边设计，可以增加婴儿的穿着期。款式设计如图3-9所示。

图3-9　婴儿连身长裤款式设计图

（2）适合年龄：6 ~ 12个月，身高66 ~ 80cm。

（3）规格设计：上衣长 = 背长 – 3cm；

$\qquad$胸围 = 净胸围 + 16cm；

$\qquad$臀围 = 净臀围 + 26cm；

$\qquad$裤长 = 身高 × 0.6 +（0 ~ 3）cm。

身高66 ~ 80cm婴儿连身长裤各部位规格尺寸见表3-5。

表3-5　婴儿连身长裤各部位规格尺寸　　　　　　　　　　　单位：cm

身高	上衣长	胸围	臀围	袖窿深	上档长	裤长	裤口宽	领宽	后领深	前领深
66	15	56	70	12.5	17	42	12	6.1	6.6	5.6
73	16	60	73	13	18	45	12.5	6.3	6.8	5.8
80	17	64	76	13.5	19	48	13	6.5	7	6

（4）结构制图：身高80cm婴儿连身长裤结构设计图如图3-10所示。

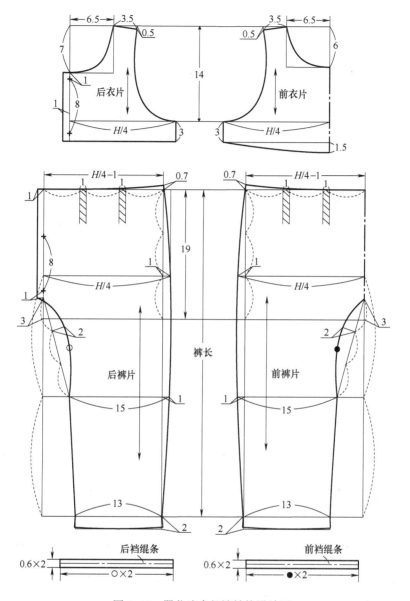

图3-10 婴儿连身长裤结构设计图

（5）原材料说明：前后衣片、裤片均采用针织棉毛布，绲条采用1+1罗纹面料，4粒合适大小纽扣。

3. 腹部抽褶连体装

（1）款式说明：宽松连脚设计，无领，长袖，衣身与裤装相连，上衣插肩处开口系扣，腰腹部抽褶，裆部开口。款式设计如图3-11所示。

（2）适合年龄：6 ~ 12个月，身高66 ~ 80cm。

（3）规格设计：衣长 = 背长 + 上裆长 + 下裆长 + 4cm；

胸围 = 净胸围 + 20cm；

臀围 = 净臀围 + 22cm；

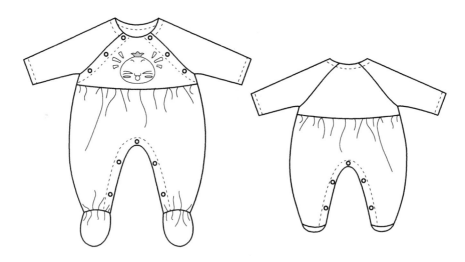

图 3-11　婴儿腹部抽褶连体装款式设计图

肩宽 = 净肩宽 +3cm；

袖长 = 手臂长 −3cm；

领围 = 颈根围 +1cm。

身高 66 ~ 80cm 婴儿腹部抽褶连体装各部位规格尺寸见表 3-6。

表3-6　婴儿腹部抽褶连体装各部位规格尺寸 单位：cm

身高	背长	上裆长	下裆长	胸围	臀围	袖长	肩宽	袖窿深	领宽	后领深	前领深
66	18	14	22	60	63	18	22	14.5	4.9	1.5	5.4
73	19	15	26	64	66	20	23.5	15	5.1	1.5	5.6
80	20	16	31	68	69	22	25	15.5	5.3	1.5	5.8

（4）结构制图：身高 66cm 婴儿腹部抽褶连体装结构设计图如图 3-12 所示。

（5）原材料说明：前后片均采用针织棉毛布，插肩及裆部纽扣采用婴儿用彩色按扣。

4. 普通加裆连体装

（1）款式说明：宽松连脚设计，无领，长袖，衣身与裤装相连，插肩袖设计，前中心门襟及裆部开口。款式设计如图 3-13 所示。

（2）适合年龄：6 ~ 12 个月，身高 66 ~ 80cm。

（3）规格设计：衣长 = 背长 + 上裆长 + 下裆长 +4cm；

　　　　　　　胸围 = 净胸围 +20cm；

　　　　　　　臀围 = 净臀围 +22cm；

　　　　　　　肩宽 = 净肩宽 +3cm；

　　　　　　　袖长 = 手臂长 −3cm；

　　　　　　　领围 = 颈根围 +1cm。

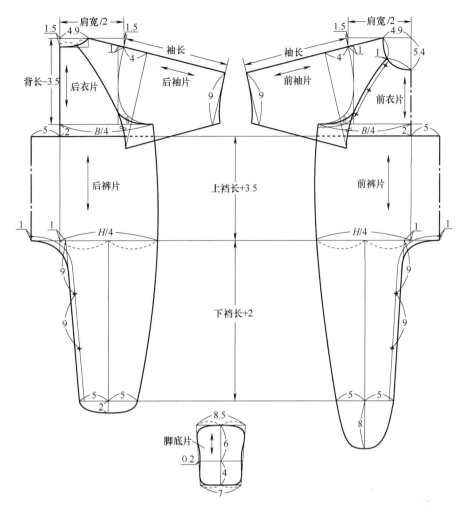

图 3-12 婴儿腹部抽褶连体装结构设计图

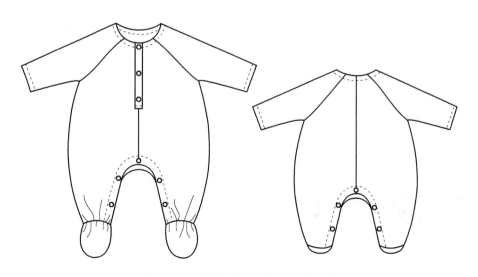

图 3-13 普通加裆连体装款式设计图

身高 66 ~ 80cm 婴儿普通加裆连体装各部位规格尺寸见表 3-7。

表3-7　婴儿普通加裆连体装各部位规格尺寸　　　　　　　　　　单位：cm

身高	背长	上裆长	下裆长	胸围	臀围	袖长	肩宽	袖窿深	领宽	后领深	前领深
66	18	14	22	60	63	18	22	14.5	4.9	1.5	5.4
73	19	15	26	64	66	20	23.5	15	5.1	1.5	5.6
80	20	16	31	68	69	22	25	15.5	5.3	1.5	5.8

（4）结构制图：身高 66cm 婴儿普通加裆连体装结构设计图如图 3-14 所示。

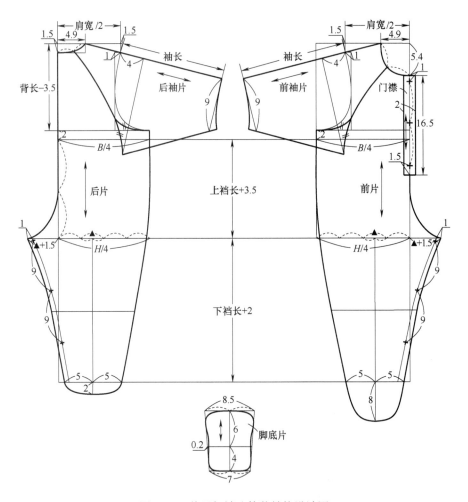

图 3-14　普通加裆连体装结构设计图

（5）原材料说明：前后片均采用针织棉毛布，前胸及裆部纽扣采用婴儿用彩色按扣。

第二节 幼儿服装

　　和婴儿相比，幼儿的睡眠时间逐渐减少，活动时间增长，简洁、明快、大方、便于活动的功能性服装都是较适合这一年龄段的服装类型。童装的要求为款式简洁、面料结实、色彩清新、穿着舒适、风格休闲。幼儿服装的款式设计既要适应时代需求，但也不要过于赶潮流或有过多的装饰。此外，这个时期因儿童活动量逐渐增大，设计应考虑服装的坚牢度。

　　这个时期的儿童腹部仍然比较凸出，在选择短裙时应加以注意，防止裙子下滑或穿得歪歪斜斜。幼儿肩宽增长快，因此没有清晰肩宽的插肩袖设计应用非常广泛。在这一时期，儿童逐渐学会了自己穿衣服，服装结构可以设计得复杂一些，比如在背面的上方钉纽扣或是在不明显的位置装拉链等。

　　在面料选择上，春秋季节宜选用挡风、保暖、耐洗耐穿、不易褪色的面料，如纯棉纱卡、灯芯绒、摇粒绒、牛仔面料等。

一、幼儿上装

1. 幼儿长袖 T 恤

　　（1）款式说明：适合幼儿的针织长袖 T 恤，左肩部开口，钉按扣，上下袖搭接设计，领口缝罗纹。款式设计如图 3-15 所示。

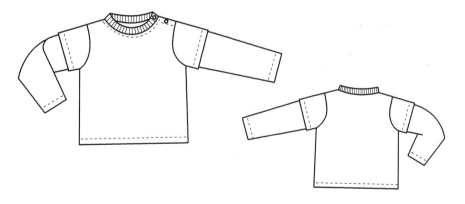

图 3-15　幼儿长袖 T 恤款式设计图

　　（2）适合年龄：2 ~ 4 岁，身高 90 ~ 110cm。

　　（3）规格设计：衣长 = 身高 ×0.4 -（1 ~ 3）cm；

胸围 = 净胸围 +（10 ~ 12）cm；

肩宽 = 净肩宽 +（1 ~ 2）cm；

领宽（不包括领口罗纹）= 颈围 /5+3cm；

袖长 = 全臂长。

身高 90 ～ 110cm 幼儿长袖 T 恤各部位规格尺寸见表 3-8。

表3-8　幼儿长袖T恤各部位规格尺寸　　　　　　　　　单位：cm

身高	衣长	胸围	袖长	肩宽	袖口宽	领宽	领口罗纹宽	袖窿深
90	34	62	28	27	8	7.5	1.6	12
100	38	62	31	28	8.5	8	1.8	13
110	42	64	34	29	9	8.5	2	14

（4）结构制图：身高 100cm 幼儿长袖 T 恤结构设计图如图 3-16 所示。

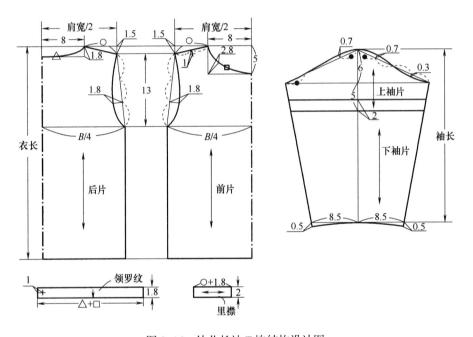

图 3-16　幼儿长袖 T 恤结构设计图

（5）原材料说明：前后片均采用针织棉毛布，领口采用针织罗纹，肩部 2 粒纽扣。

2.　**幼儿双排扣衬衫**

（1）款式说明：适合女童的双排扣衬衫，前胸部抽多道细橡皮筋，后背部有横向分割线；后下片捏褶；袖口绱袖头，袖开衩滚小袖花。款式设计如图 3-17 所示。

（2）适合年龄：2 ～ 4 岁，身高 90 ～ 110cm。

（3）规格设计：衣长 = 身高 × 0.4 +（0 ～ 3）cm；

胸围（抽褶后尺寸）= 净胸围 + 10cm；

肩宽 = 净肩宽 − 1cm；

领宽 = 颈围 /5 + 0.5cm；

袖长 = 全臂长 +（1 ～ 2）cm。

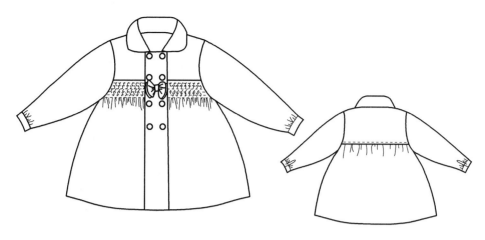

图 3-17　幼儿双排扣衬衫款式设计图

身高 90 ~ 110cm 幼儿双排扣衬衫各部位规格尺寸见表 3-9。

表3-9　幼儿双排扣衬衫各部位规格尺寸　　　　　　　　　　　　　　　　单位：cm

身高	衣长	胸围	肩宽	领宽	袖长	袖口围	袖头宽	门襟宽	领面宽
90	37	58	24	5.5	30	15.5	3	6	6
100	41	62	25	5.5	33	16	3	6	6
110	45	66	26	5.5	36	16.5	3	6	6

（4）结构制图：身高 100cm 左右幼儿双排扣衬衫结构设计图如图 3-18 所示。

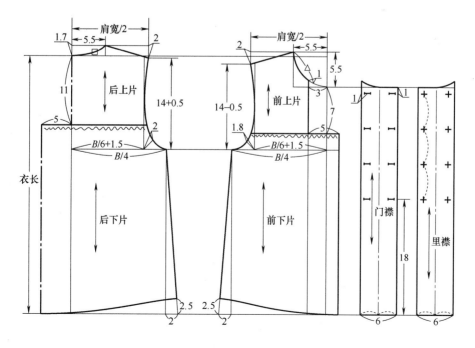

图 3-18

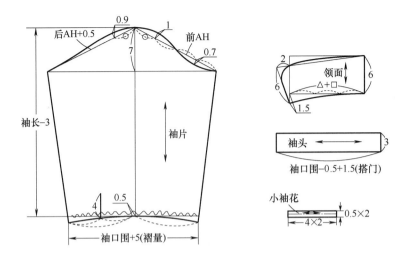

图 3-18　幼儿双排扣衬衫结构设计图

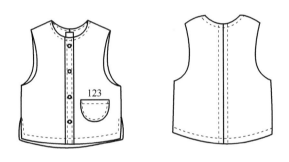

图 3-19　幼儿马甲款式设计图

（5）原材料说明：各衣片均采用机织薄纯棉平布，前门襟 8 粒合适大小纽扣，袖口 2 粒纽扣。

3. 幼儿马甲

（1）款式说明：圆领口，肩部合体，侧缝开衩；前中缉缝装饰条，钉彩色纽扣；后中绱里襟，暗扣系结。款式设计如图 3-19 所示。

（2）适合年龄：2 ~ 4 岁，身高 90 ~ 110cm。

（3）规格设计：衣长 = 背长 +（14 ~ 15）cm；

　　　　　　　胸围 = 净胸围 + 14cm；

　　　　　　　肩宽 = 净肩宽；

　　　　　　　领宽 = 颈围 /5 + 1cm；

　　　　　　　袖窿深 = 胸围 /6 +（3 ~ 4）cm。

身高 90 ~ 110cm 幼儿马甲各部位规格尺寸见表 3-10。

（4）结构制图：身高 100cm 幼儿马甲结构设计图如图 3-20 所示。

表3-10 幼儿马甲各部位规格尺寸   单位：cm

身高	衣长	胸围	领宽	前领深	后领深	肩宽	袖窿深	前中装饰条宽
90	35	62	5.5	6.5	3	25	14	3
100	37	66	6	6.5	3	26	14.5	3
110	39	70	6.5	6.5	3	27	15	3

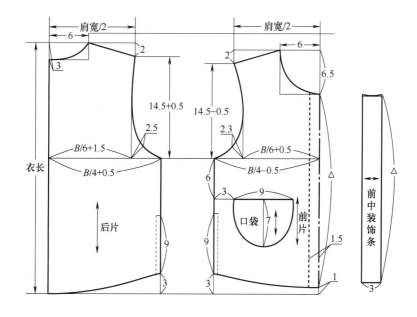

图 3-20 幼儿马甲结构设计图

（5）原材料说明：各衣片均可采用机织纯棉斜纹布、薄牛仔布或针织起绒面料，前门襟4粒合适大小纽扣。

4. 幼儿短款小夹克

（1）款式说明：适合男孩的短款小夹克，较宽松设计；插肩袖，袖胸处有横向分割线；衣身有多处切口设计，生动活泼；袖口设计为折边，可调节长短。款式设计如图3-21所示。

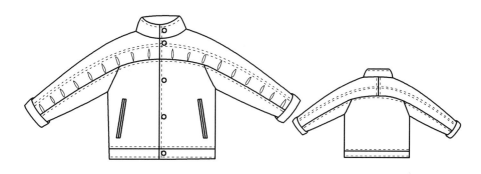

图 3-21 幼儿短款小夹克款式设计图

（2）适合年龄：2 ~ 4 岁，身高 90 ~ 110cm。

（3）规格设计：衣长 = 身高 ×0.4 –（3 ~ 4）cm；

胸围 = 净胸围 +（20 ~ 22）cm；

肩宽 = 净肩宽 +1cm；

领口宽 = 颈根围 /5 + 2.5cm；

袖长 = 肩宽 /2– 领口宽 + 全臂长 +（4 ~ 6）cm。

身高 90 ~ 110cm 幼儿短款小夹克各部位规格尺寸见表 3–11。

表3–11　幼儿短款小夹克各部位规格尺寸　　　　　　　单位：cm

身高	衣长	胸围	肩宽	领宽	领面宽	袖长	袖口宽
90	32	70	27	7	4	39	10
100	36	74	28	7.5	4.2	42	10.5
110	40	78	29	8	4.5	45	11

（4）结构制图：身高 100cm 幼儿短款小夹克结构设计图如图 3–22 所示。

（5）原材料说明：各衣片均可采用机织纯棉斜纹布或薄牛仔布，前门襟 5 粒合适大小纽扣。

二、幼儿裤装

1. 女童喇叭长裤

（1）款式说明：较合体设计，裤形为小喇叭形，腰部抽橡皮筋。前片有纵向分割线，裤

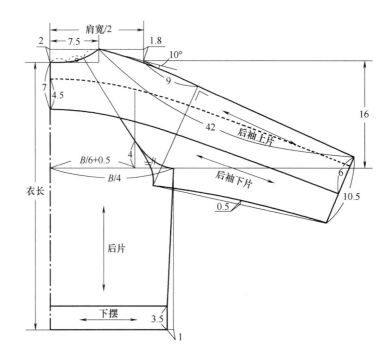

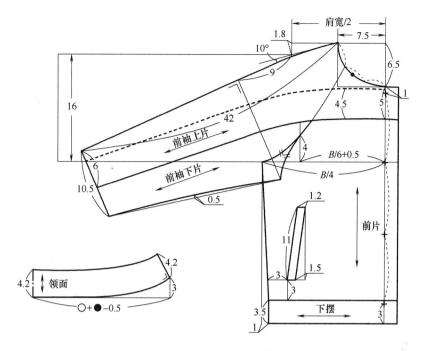

图 3-22 幼儿短款小夹克结构设计图

腿下部缉缝三道装饰花边；后片腰下有斜向分割线。款式设计如图 3-23 所示。

（2）适合年龄：适合年龄：3 ~ 5 岁女童，身高 100 ~ 120cm。

（3）规格设计：裤长 = 腰围高 - 2cm；

臀围 = 净臀围 +（9 ~ 10）cm；

腰围（收橡皮筋后尺寸）= 净腰围 -（5 ~ 6）cm。

图 3-23 女童喇叭长裤款式设计图

身高 100 ~ 120cm 女童喇叭长裤各部位规格尺寸见表 3-12。

表3-12　女童喇叭长裤各部位规格尺寸　　　　　　　　　　单位：cm

身高	裤长	腰围	臀围	上裆长	裤口宽	腰头宽
100	56	45	64	17.5	16	2.5
110	63	48	69	18.5	17	2.5
120	70	51	74	19.5	18	2.5

（4）结构制图：身高100cm女童喇叭长裤结构设计图如图3-24所示。

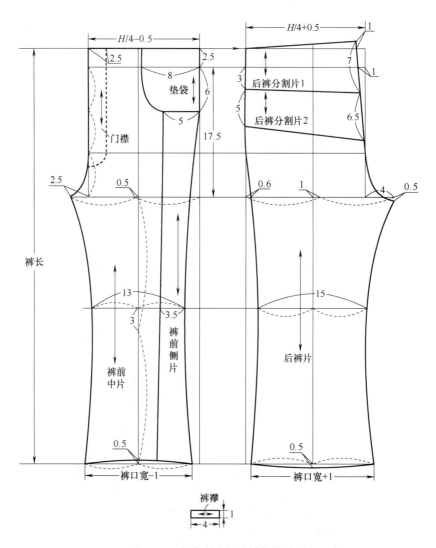

图 3-24　女童喇叭长裤结构设计图

（5）原材料说明：各衣片均可采用纯棉斜纹面料或灯芯绒面料，腰部抽橡皮筋。

2. 幼儿背带裤

（1）款式说明：较宽松设计，前后片均有较多的口袋装饰；侧腰装底襟，扣子系结；背带装有两粒扣，可调节；裤口折边设计，可根据高矮调节长度。款式设计如图3-25所示。

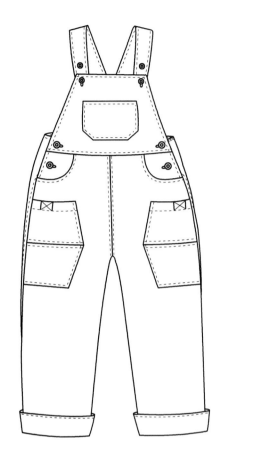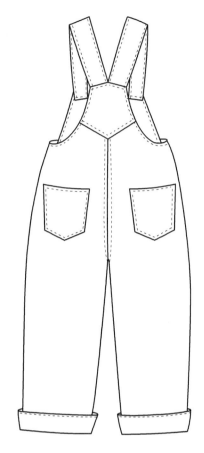

图 3-25 幼儿背带裤款式设计图

（2）适合年龄：2 ～ 4 岁，身高 90 ～ 110cm。

（3）规格设计：上衣长 = 背长 +（7 ～ 8）cm（此长度放量按长背带设计，短背带可减
去 2cm）；

　　　　　　裤长 = 腰围高 –1cm；

　　　　　　腰围 = 净腰围 +16cm；

　　　　　　臀围 = 净臀围 +22cm。

身高 90 ～ 110cm 幼儿背带裤各部位规格尺寸见表 3-13。

表3-13　幼儿背带裤各部位规格尺寸　　　　　　　　　　单位：cm

身高	上衣长	裤长	腰围	臀围	上裆长	裤口宽
90	28	50	63	71	21	14
100	30	57	66	76	23	15
110	32	64	69	81	23	16

（4）结构制图：身高 100cm 幼儿背带裤结构设计图如图 3-26 所示。

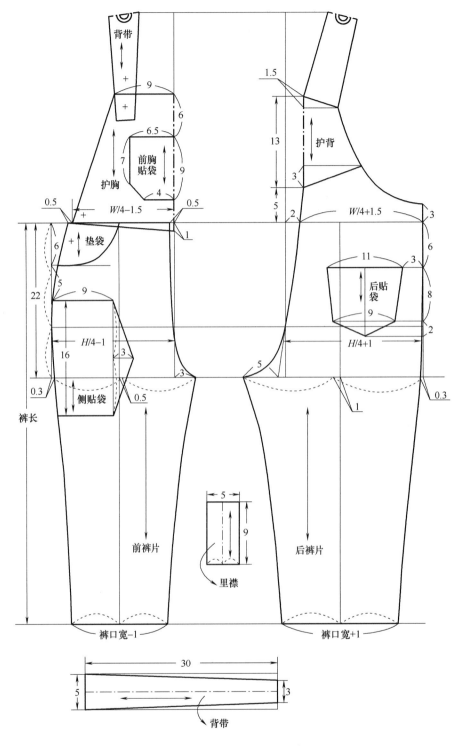

图 3-26　幼儿背带裤结构设计图

（5）原材料说明：各衣片均可采用机织纯棉斜纹面料或灯芯绒面料，腰部及背带处 6 粒合适大小纽扣。

三、幼儿裙装

1. 幼儿背带裙

（1）款式说明：牛仔裙，复古按扣背带设计，侧缝开口穿脱方便，前后中心分割线设计，前中心捏褶增加活动量，后背对称贴袋，各部位双明线装饰。款式设计如图 3-27 所示。

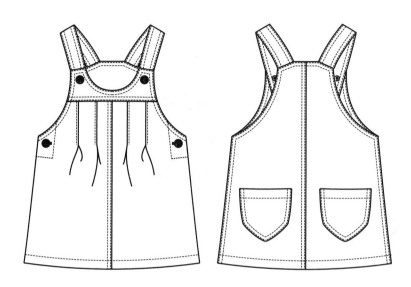

图 3-27　幼儿背带裙款式设计图

（2）适合年龄：1 ~ 3 岁，身高 80 ~ 100cm。

（3）规格设计：裙长为设计量；

胸围 = 净胸围 + 12cm。

身高 80 ~ 100cm 幼儿春秋短裙各部位规格尺寸见表 3-14。

表3-14　幼儿背带裙各部位规格尺寸

单位：cm

身高	裙长	胸围	袖窿深
80	45	60	17
90	48	64	17.5
100	51	68	18

（4）结构制图：身高 80cm 幼儿背带裙结构设计图如图 3-28 所示。

（5）原材料说明：各衣片均可采用较薄牛仔面料，腰部及背带处 4 粒合适大小纽扣。

2. 幼儿马甲式连衣裙

（1）款式说明：膝盖以上 A 型马甲式连衣裙，宽松度适中，贴袋，前片有分割线装饰。幼儿马甲式连衣裙款式设计如图 3-29 所示。

（2）适合年龄：1 ~ 3 岁幼儿，身高 80 ~ 100cm。

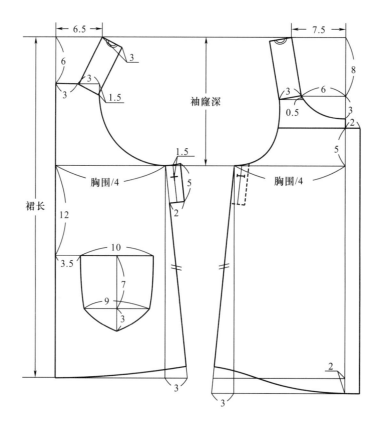

图 3-28　幼儿背带裙结构设计图

图 3-29　幼儿马甲式连衣裙款式设计图

（3）规格设计：后衣长 = 身高 × 0.5 ±（0 ~ 2）cm；

胸围 = 净胸围 + 14cm。

身高 80 ~ 100cm 幼儿马甲式连衣裙各部位规格尺寸见表 3-15。

表3-15　幼儿马甲式连衣裙各部位规格尺寸　　　　　　　　　单位：cm

身高	后衣长	胸围	领口宽	后领深	前领深	袖窿深
80	42	62	6.1	2.0	6.6	15
90	45	66	6.3	2.1	6.8	16
100	48	70	6.5	2.2	7	17

（4）结构制图：身高100cm幼儿马甲式连衣裙结构设计图如图3-30所示。

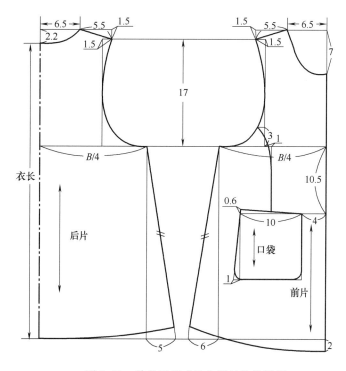

图3-30　幼儿马甲式连衣裙结构设计图

（5）原材料说明：各衣片均可采用较薄牛仔面料、粗细灯芯绒面料、纱卡面料或毛绒针织面料，前中心拉链1条。

第三节　学童服装

学童期包括整个小学生期，服装应考虑到集体生活的需要，基本款式应以组合式服装为主，款式多见衬衣、夹克衫、背心、T恤、短裙、休闲长裤、短裤、牛仔裤等。由于这一时期儿童的活动量较大，外衣面料以坚固耐磨、容易洗涤的织物为宜。在关节及其他易受伤的部位可以做适当的加厚处理，在保护儿童的同时也增强了服装的耐磨性。

面料除了采用天然纤维织物以外，还可以使用合成纤维织物和各种混纺织物。

一、学童上装

1. 学童长袖T恤

（1）款式说明：针织长袖T恤，前领下有两粒纽扣，半开门襟，领口绱罗纹领，袖口也有罗纹。款式设计如图3-31所示。

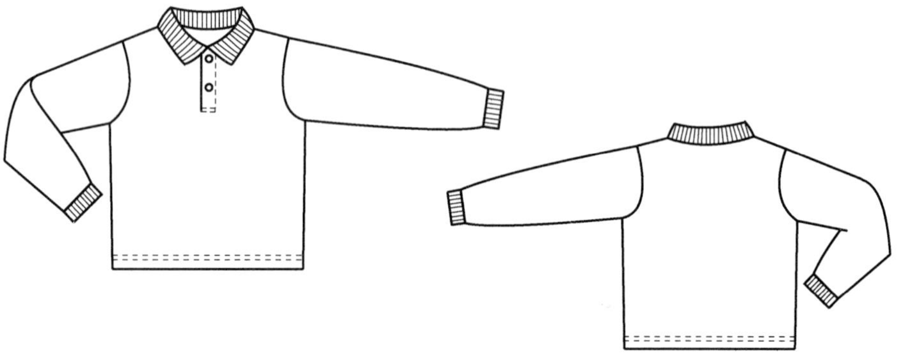

图3-31 学童长袖T恤款式设计图

（2）适合年龄：6 ~ 8岁，身高110 ~ 130cm。

（3）规格设计：衣长 = 身高 ×0.4 –（2 ~ 4）cm；

胸围 = 净胸围 +（14 ~ 16）cm；

肩宽 = 净肩宽 + 1cm；

领口宽 = 颈围 /5 +（1.2 ~ 1.4）cm；

袖长 = 全臂长 + 2cm。

身高110 ~ 130cm学童长袖T恤各部位规格尺寸见表3-16。

表3-16 学童长袖T恤各部位规格尺寸　单位：cm

身高	后衣长	胸围	肩宽	领口宽	袖长	袖口	袖口罗纹宽	门襟长	门襟宽
110	40	66	28	6.3	36	10	3	11	2.5
120	44	70	29	6.5	39	11	3	12	2.5
130	48	74	31	6.7	42	12	3	13	2.5

（4）结构制图：身高120cm学童长袖T恤结构设计图如图3-32所示。

（5）原材料说明：前后衣片、袖子均采用棉毛布或珠地网眼针织面料，成分既可是纯棉又可是聚酯纤维，领子、袖头采用罗纹面料。

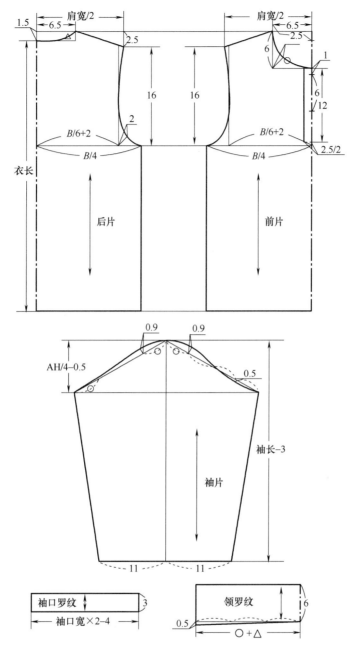

图 3-32　学童长袖 T 恤结构设计图

2. 女童马甲

（1）款式说明：A 型宽松马甲，扁领，前片下摆呈三角状，左前片有贴袋。款式设计如图 3-33 所示。

（2）适合年龄：6 ~ 8 岁，身高 110 ~ 130cm。

（3）规格设计：后衣长 = 身高 × 0.4 -（3 ~ 8）cm；

胸围 = 净胸围 + 14cm 松量。

图 3-33　女童马甲款式设计图

身高 110 ~ 130cm 女童马甲各部位规格尺寸见表3-17。

表3-17　女童马甲各部位规格尺寸　　　　　　　　　　　　　　　单位：cm

身高	后衣长	胸围	领宽	后领深	前领深	前袖窿深	后袖窿深	领片宽
110	41	66	5.8	1.8	6.3	16	17	5
120	43	70	6	2	6.5	17	18	5
130	45	74	6.2	2.2	6.7	18	19	5

（4）结构制图：身高 120cm 女童马甲结构设计图如图 3-34 所示。

（5）原材料说明：前后衣片、领子、口袋采用针织，衬垫组织面料。

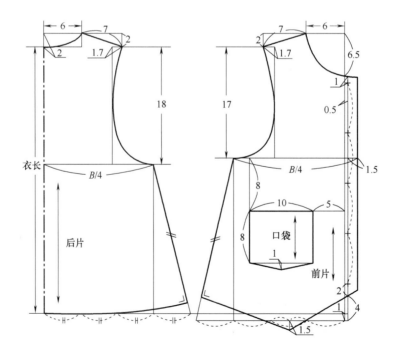

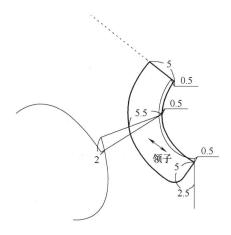

图 3-34 女童马甲结构设计图

3．女童春秋外套

（1）款式说明：宽松设计，多分割面料拼合，风帽设计，下摆抽绳，前开门装拉链。款式设计如图 3-35 所示。

（2）适合年龄：6 ~ 8 岁，身高 110 ~ 130cm。

（3）规格设计：后衣长 = 身高 × 0.4 − （0 ~ 6）cm；

　　　　　　　胸围 = 净胸围 + 18cm；

　　　　　　　肩宽 = 净肩宽 + 4cm；

　　　　　　　袖长 = 全臂长 − 1cm。

图 3-35 女童春秋外套款式设计图

身高 110 ～ 130cm 女童春秋外套各部位规格尺寸见表3-18。

表3-18　女童春秋外套各部位规格尺寸　　　　　　　　　　　　单位：cm

身高	后衣长	胸围	袖长	肩宽	袖口围	领宽	前领深	后领深	后袖窿深	前袖窿深
110	43	70	33	30.2	23	5.8	11.5	1.7	17	16
120	45	74	36	32	24	6	12	1.7	18	17
130	47	78	39	33.8	25	6.2	12.5	1.7	19	18

（4）结构制图：身高 120cm 女童春秋外套结构设计图如图 3-36 所示。

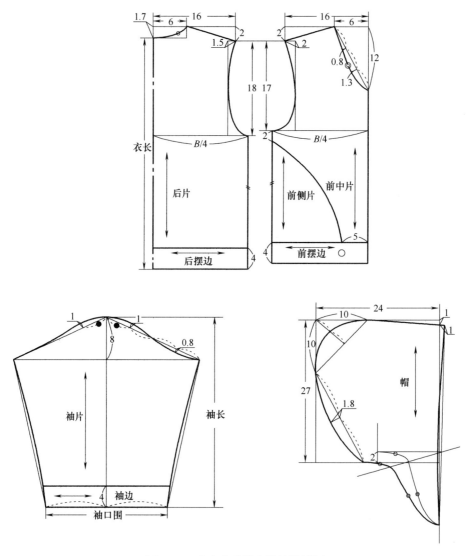

图 3-36　女童春秋外套结构设计图

（5）原材料说明：各衣片采用涤棉平纹机织面料，组织相同、花色不同的面料拼接，前中心拉链条，贴边气眼 2 个，抽绳 1 条。

二、学童裤装

（1）款式说明：较宽松，前身有平插袋，腰部绱腰头且两侧装橡皮筋，前裤片有分割线和口袋装饰，后裤片有分割线设计，直筒裤型。款式设计如图 3-37 所示。

图 3-37　学童长裤款式设计图

（2）适合年龄：6 ～ 8 岁，身高 110 ～ 130cm。

（3）规格设计：裤长 = 标准裤长 = 腰围高；

臀围 = 净臀围 + 16cm；

收橡皮筋后腰围 = 净腰围 − 6cm；

裤口宽 = 15 ～ 20cm（根据年龄与造型进行调整）。

身高 110 ～ 130cm 学童长裤各部位规格尺寸见表 3-19。

表3-19　学童长裤各部位规格尺寸　　　　　　　　　　　　单位：cm

身高	裤长	腰围（收橡皮筋后）	臀围	上裆长	裤口宽
110	65	47	75	22	15
120	72	50	80	23	17
130	79	53	85	24	19

（4）结构制图：身高 120cm 学童长裤结构设计图如图 3-38 所示。

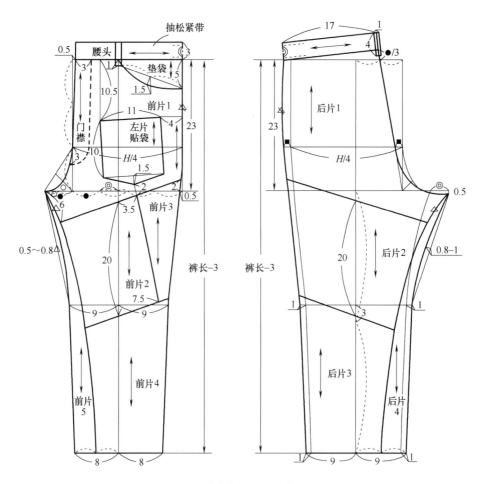

图 3-38　学童春秋长裤结构设计图

（5）原材料说明：各衣片采用机织纯棉或涤棉斜纹面料，腰部抽橡皮筋，前中心 1 粒合适大小纽扣。

三、女童裙装

1. 学童春秋短裙

（1）款式说明：膝盖以上短裙，绱腰头，前片不对称设计，后片有贴袋。款式设计如图 3-39 所示。

（2）适合年龄：6 ～ 8 岁，身高 110 ～ 130cm。

（3）规格设计：裙长为设计量；

　　　　　　　腰围 = 净腰围 +2cm；

　　　　　　　臀围 = 净臀围 +10cm。

身高 110 ～ 130cm 学童春秋短裙各部位规格尺寸见表 3-20。

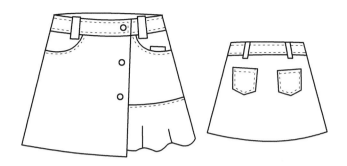

图 3-39 学童春秋短裙款式设计图

表3-20 学童春秋短裙各部位规格尺寸 单位：cm

身高	裙长	腰围	臀围	平插袋宽	平插袋深	后贴袋宽×高
110	33	52	64	8.5	6.5	8.5×7.5
120	37	55	69	9	7	9×8
130	41	58	74	9.5	7.5	9.5×8.5

（4）结构制图：身高 120cm 学童春秋短裙结构设计图如图 3-40 所示。

（5）原材料说明：各衣片采用机织纯棉或涤棉斜纹面料，前片 3 粒合适大小纽扣。

2. 学童毛呢连衣裙

（1）款式说明：合体毛呢背心裙，低腰分割线设计，后中心缊隐形拉链，前后领口、袖

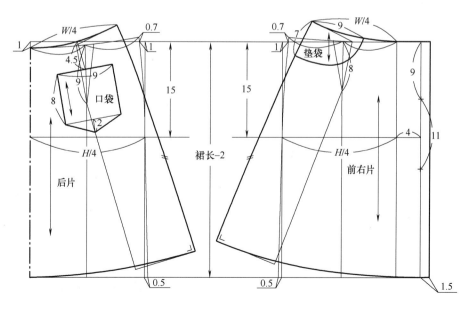

图 3-40

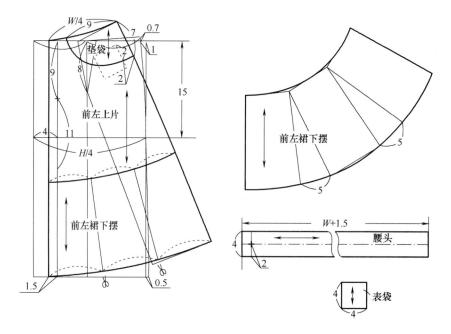

图 3-40　学童春秋短裙结构设计图

窿绡宽贴边，前胸假袋板口袋，分割线下夹绡带纽扣袋盖。款式设计如图 3-41 所示。

（2）适合年龄：6 ~ 8 岁，身高 110 ~ 130cm。

（3）规格设计：裙长 = 身高 ×0.5 -（4 ~ 8）cm；

胸围 = 净胸围 + 10cm；

腰围 = 净腰围 + 8cm。

图 3-41　学童毛呢连衣裙款式设计图

身高 110 ~ 130cm 学童毛呢连衣裙各部位规格尺寸如表 3-21 所示。

表3-21　学童连衣裙各部位规格尺寸　　　　　　　　　单位：cm

身高	裙长	胸围	背长	肩宽	领口宽	后领深	前领深	后窿深	前窿深
110	51	62	26	24	6.8	1.6	7.3	14.5	14
120	54	66	28	26	7	1.8	7.5	15	14.5
130	57	70	30	28	7.2	2	7.7	15.5	15

（4）结构制图：身高 120cm 学童连衣裙结构设计图如图 3-42 所示。

（5）原材料说明：各衣片面料采用机织纯棉和纯毛混纺毛呢面料，前胸假袋板口袋上合适大小纽扣 2 粒，分割线下夹缯袋盖上合适大小纽扣 2 粒。里料采用纯棉机织薄平纹面料。

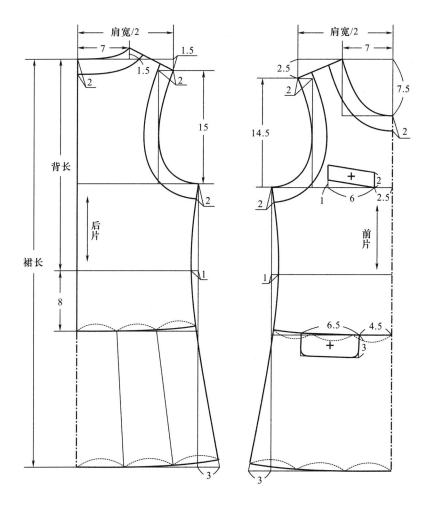

图 3-42

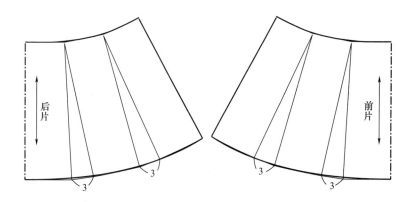

图 3-42　学童毛呢连衣裙结构设计图

第四节　少年服装

少年服装在款式和规格尺寸的设计上更接近于青年服装，装饰体现在细节部位，服装以朴实、不张扬为主要设计原则。

一、少女上装

1. 少女 T 恤

（1）款式说明：较宽松针织 T 恤，八分袖设计，普通翻领，前中心抽碎褶。款式设计如图 3-43 所示。

图 3-43　少女 T 恤款式设计图

（2）适合年龄：12 ~ 15 岁，身高 140 ~ 160cm。

（3）规格设计：衣长 = 身高 × 0.4 –（0 ~ 5）cm；

　　　　　　　胸围 = 净胸围 + 14cm；

　　　　　　　肩宽 = 总肩宽；

　　　　　　　袖长 = 全臂长 –（5 ~ 6）cm。

身高 140 ~ 160cm 少女 T 恤各部位规格尺寸见表 3–22。

表3-22　少女T恤各部位规格尺寸　　　　　　　　　　　单位：cm

身高	衣长	胸围	肩宽	袖长	领宽	后领深	前领深	袖窿深	翻领宽
140	53	74	35	38	6.6	1.8	7.1	17	6.5
150	57	82	37.4	41	7	2	7.5	18	6.5
160	61	90	39.8	44	7.4	2.2	7.9	19	6.5

（4）结构制图：身高 150cm 少女 T 恤结构设计图如图 3–44 所示。

（5）原材料说明：各衣片采用针织棉毛布或珠地网眼面料，前胸 3 粒合适大小纽扣。

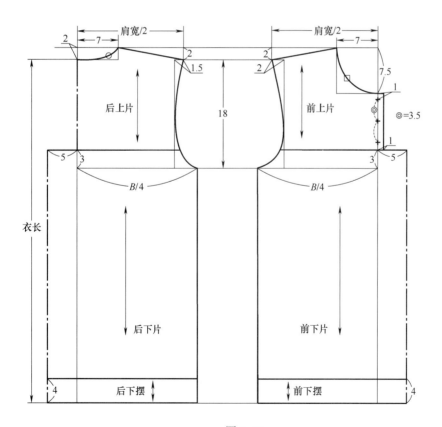

图 3-44

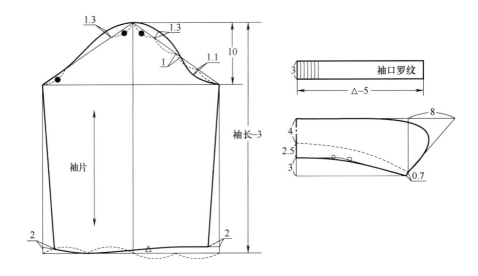

图 3-44　少女 T 恤结构设计图

2. 少女长袖衬衫

（1）款式说明：合体长袖衬衫，前领扁领，公主线设计，胸部有三角形口袋，袖口处荷叶边装饰。款式设计如图 3-45 所示。

图 3-45　少女长袖衬衫款式设计图

（2）适合年龄：12 ～ 15 岁，身高 140 ～ 160cm。

（3）规格设计：衣长 = 身高 × 0.4 –（0 ～ 2）cm；

胸围 = 净胸围 +10cm；

肩宽 = 总肩宽；

袖长 = 全臂长 + 0.5cm。

身高 140 ～ 160cm 少女长袖衬衫各部位规格尺寸见表 3-23。

表3-23　少女长袖衬衫各部位规格尺寸　　　　　　　　　　　　单位：cm

身高	后衣长	胸围	肩宽	袖长	领宽	后领深	前领深	袖窿深
140	54	74	35	45	6.9	2	7.4	16.5
150	58	82	37.4	48	7.3	2.2	7.8	17.5
160	62	90	39.8	51	7.7	2.4	8.2	18.5

（4）结构制图：身高 140cm 少女长袖衬衫结构设计图如图 3-46 所示。

（5）原材料说明：各衣片采用机织纯棉、涤棉或麻纱平纹面料，前胸 8 粒合适大小纽扣，袖口荷叶边既可采用与衣身相同面料也可采用蕾丝面料。

3. 少女时装马甲

（1）款式说明：合体时装马甲，前门襟有 5 粒纽扣，袋板式口袋，前片连带系于颈部。款式设计如图 3-47 所示。

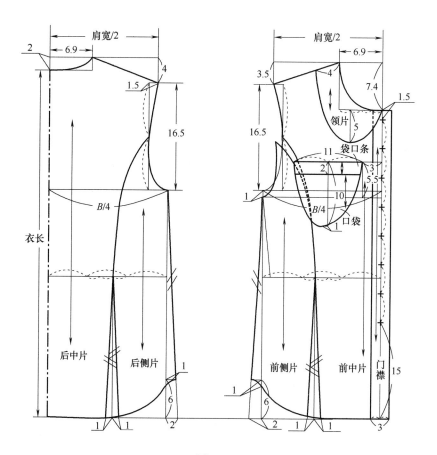

图 3-46

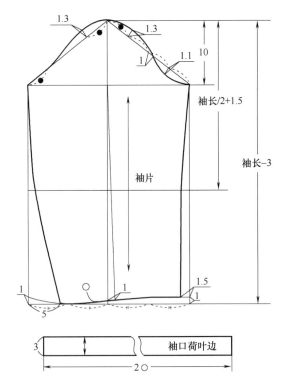

图 3-46　少女长袖衬衫结构设计图

图 3-47　少女时装马甲款式设计图

（2）适合年龄：12 ~ 15岁少女，身高140 ~ 160cm。

（3）规格设计：衣长 = 背长 +（5 ~ 8）cm；

胸围 = 净胸围 + 10cm。

身高140 ~ 160cm少女时装马甲各部位规格尺寸见表3-24。

表3-24　少女时装马甲各部位规格尺寸 单位：cm

身高	衣长	胸围	领宽	袖窿深	口袋（长×宽）
140	38	70	7.6	21	9.5 × 2.5
150	40	78	8	22	10 × 2.5
160	42	86	8.4	23	10.5 × 2.5

（4）结构制图：身高150cm少女时装马甲结构设计图如图3-48所示。

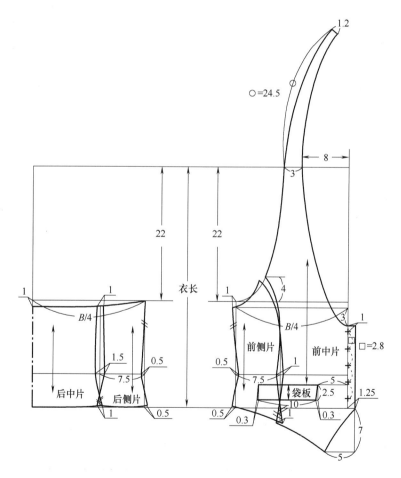

图3-48　少女时装马甲结构设计图

（5）原材料说明：各衣片采用机织纯棉、涤棉或涤纶平纹或斜纹面料，前胸5粒合适大小纽扣。

二、少年上装

1. 少年休闲衬衫

（1）款式说明：适合少年的休闲衬衫，较宽松设计；明门襟，明贴袋，肩部有过肩；袖开衩处绱大小袖衩。款式设计如图3-49所示。

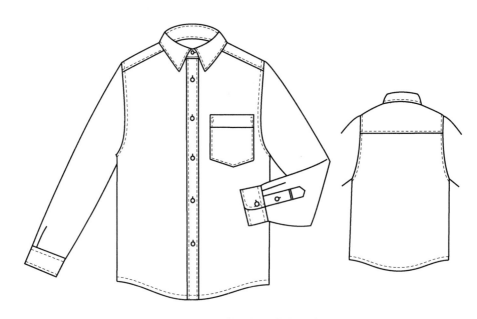

图3-49　少年休闲衬衫款式设计图

（2）适合年龄：12～15岁，身高150～170cm。

（3）规格设计：衣长 = 身高 × 0.4；

胸围 = 净胸围 +（20～24）cm；

肩宽 = 净肩宽 +（2～3）cm；

领口宽 = 颈围 /5 +（0.5～1）cm；

袖长 = 全臂长 +（1～2）cm。

身高150～170cm少年休闲衬衫各部位规格尺寸见表3-25。

表3-25　少年休闲衬衫各部位规格尺寸　　　　　　　单位：cm

身高	衣长	胸围	肩宽	领宽	领座宽	翻领宽	袖长	袖头长	袖头宽	门襟宽
150	60	90	40	7	3	4.5	51	22	6	3
160	64	98	42	7.5	3	4.5	54	23.5	6	3
170	68	106	44	8	3	4.5	57	25	6	3.5

（4）结构制图：身高160cm少年休闲衬衫结构设计图如图3-50所示。

（5）原材料说明：各衣片可采用机织纯棉或涤棉平纹或斜纹面料，前胸6粒合适大小纽扣。

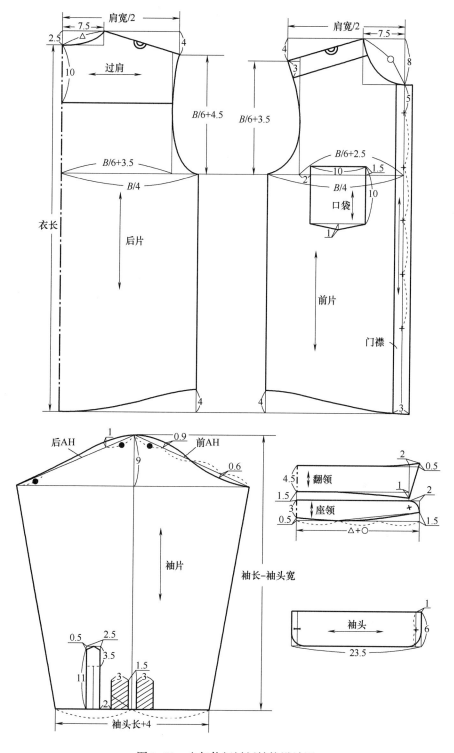

图 3-50　少年休闲衬衫结构设计图

2. 少年马甲

（1）款式说明：合体设计，"V"字领，前片下摆呈三角状，左右前片各有一袋板式口袋，后中心腰围处有装饰调节襻，款式不随流行发生变化。款式设计如图 3-51 所示。

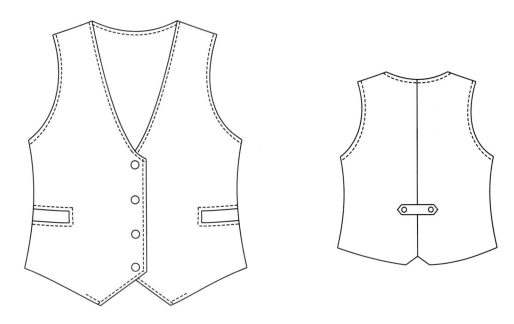

图 3-51　少年马甲款式设计图

（2）适合年龄：12 ～ 15 岁，身高 150 ～ 170cm。

（3）规格设计：衣长 = 背长 +（10 ～ 15）cm；

　　　　　　　　胸围 = 净胸围 +10cm。

身高 150 ～ 170cm 少年马甲各部位规格尺寸如表 3-26 所示。

表3-26　少年马甲各部位规格尺寸　　　　　　　　　　单位：cm

身高	后衣长	胸围	领口宽	后领深	前领深
150	48	78	7.6	2.3	23
160	50	86	8	2.5	24
170	52	92	8.4	2.4	25

（4）结构制图：身高 160cm 少年马甲结构设计图如图 3-52 所示。

（5）原材料说明：各衣片采用机织纯棉、涤棉、纯毛或涤纶平纹或斜纹面料，前胸 5 粒合适大小纽扣。

3. 少年外套

（1）款式说明：适合男孩的宽松式外套，帽子用拉链与衣身连接，衣身有多处分割线、拼色设计，体现活泼动感，袖口绱罗纹。款式设计如图 3-53 所示。

（2）适合年龄：12 ～ 15 岁，身高 150 ～ 160cm。

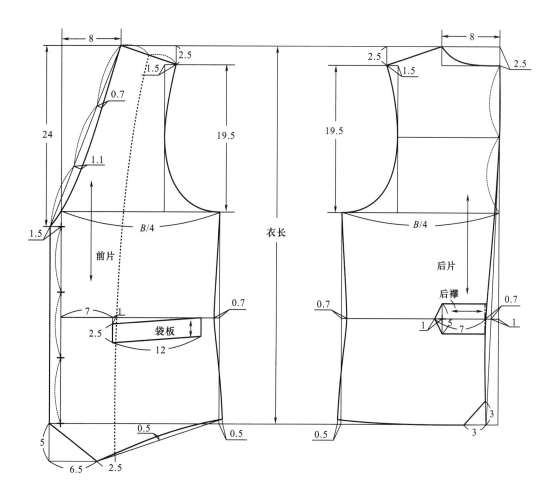

图 3-52　少年马甲结构设计图

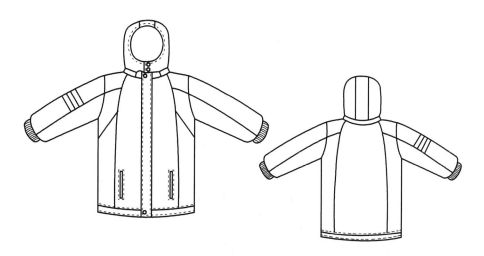

图 3-53　少年外套款式设计图

（3）规格设计：衣长 = 身高 × 0.4 + （3 ~ 4）cm；

胸围 = 净胸围 + （28 ~ 36）cm；

肩宽 = 净肩宽 + （6 ~ 8）cm；

领宽 = 颈围 /5 + （3.5 ~ 4）cm；

袖长 = 全臂长 + （6 ~ 8）cm。

身高 150 ~ 160cm 少年外套各部位规格尺寸见表3–27。

表3-27　少年外套各部位规格尺寸　　　　　　　　　　单位：cm

身高	衣长	胸围	领宽	肩宽	袖长	袖口宽	搭门
150	63	104	10.5	45	56.5	15	6
155	65	108	11	46	58	16	6
160	67	112	11.5	47	59.5	17	6

（4）结构制图：身高 155cm 少年外套结构设计图如图 3–54 所示。

（5）原材料说明：各衣片采用机织，聚酯纤维复合面料，前门襟拉链1条，2粒合适大小纽扣，帽子2粒合适大小纽扣。

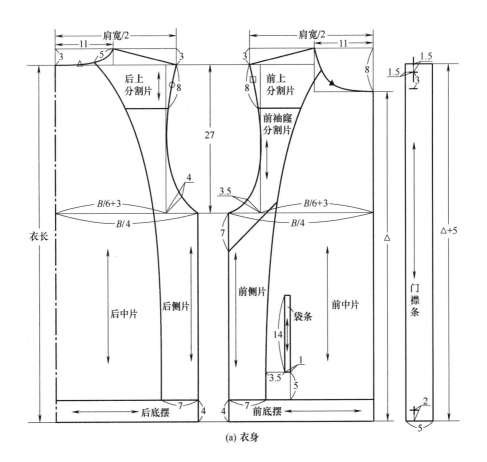

(a) 衣身

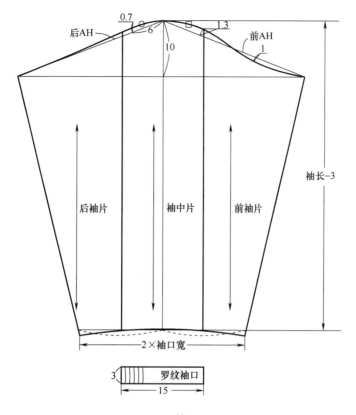

(b) 袖子

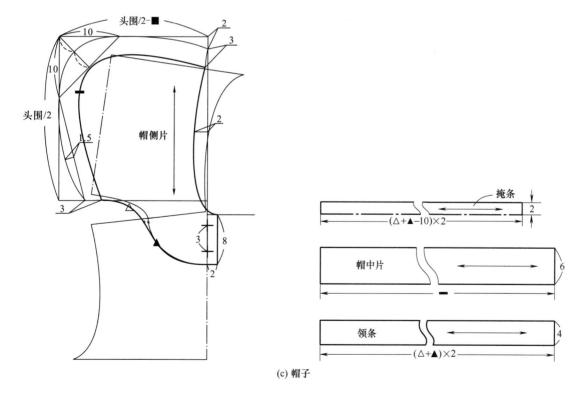

(c) 帽子

图3-54 少年外套结构设计图

三、少年长裤

（1）款式说明：适合男孩的修身长裤，较合体设计；侧面有直插袋，后片开双开线口袋，腰头抽部分橡皮筋。款式设计如图3-55所示。

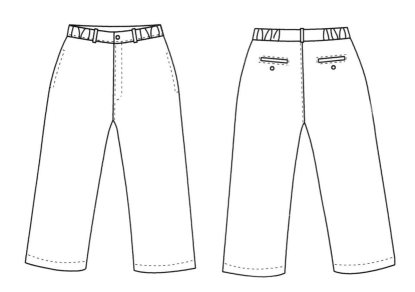

图3-55　少年长裤款式设计图

（2）适合年龄：12 ~ 15岁，身高150 ~ 170cm。

（3）规格设计：裤长 = 腰围高 –（0 ~ 2）cm；

　　　　　　　　臀围 = 净臀围 +（12 ~ 14）cm；

　　　　　　　　腰围（收橡皮筋后尺寸）= 净腰围 –（4 ~ 5）cm。

身高150 ~ 170cm少年长裤各部位规格尺寸见表3-28。

表3-28　少年长裤各部位规格尺寸　　　　　　　单位：cm

身高	裤长	臀围	腰围	上裆长	腰头宽	裤口宽
150	92	89	58	24	3	20
160	98	98	64	26	3	22
170	104	107	70	27	3	24

（4）结构制图：身高160cm少年长裤结构设计图如图3-56所示。

（5）原材料说明：各衣片采用机织纯棉斜纹面料或针织复合双层组织面料，腰部抽橡皮筋，前门襟合适长度拉链1条，合适大小纽扣1粒。

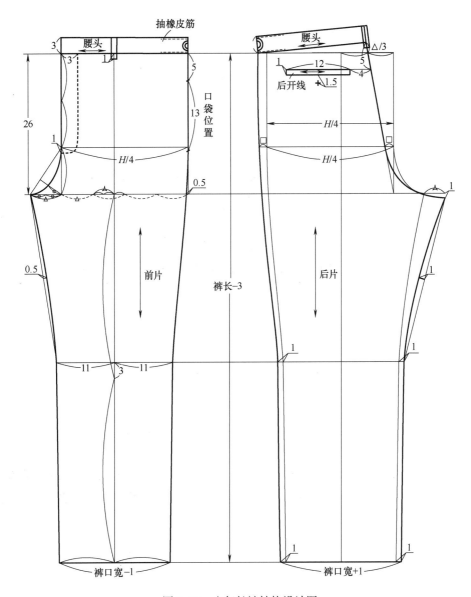

图 3-56　少年长裤结构设计图

四、少女裙装

1. 少女春秋短裙

（1）款式说明：膝盖以上短裙，A 型结构，箱式褶裥，缉明线固定部分褶裥，绱腰头，侧缝绱拉链。款式设计如图 3-57 所示。

（2）适合年龄：12 ~ 15 岁，身高 140 ~ 160cm。

（3）规格设计：裙长在膝盖以上，长度为设计量；

腰围 = 净腰围 + 2cm；

臀围 = 净臀围 + 6cm。

身高 140 ~ 160cm 少女春秋短裙各部位规格尺寸见表 3-29。

图 3-57　少女春秋短裙款式设计图

表3-29　少女春秋短裙各部位规格尺寸　　　　　　单位：cm

身高	裙长	腰围	臀围
140	47	54	72
150	50	60	81
160	53	66	90

（4）结构制图：身高150cm少女春秋短裙结构设计图如图3-58所示。

（5）原材料说明：各衣片采用机织纯棉斜纹面料，左侧缝合适长度拉链1条，挂钩1副。

2．少女春秋连衣裙

（1）款式说明：适合春秋季穿着的长袖连衣裙，低腰设计，低腰分割线处抽碎褶，

前领口贴边，贴边下抽碎褶增加穿着的舒适性，袖口处卷起，前领贴边和袖口贴边拼色设计。款式设计如图3-59所示。

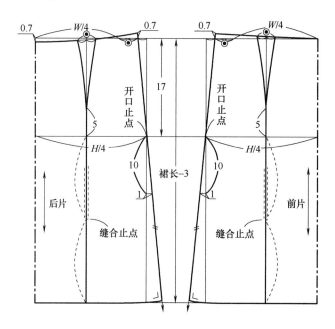

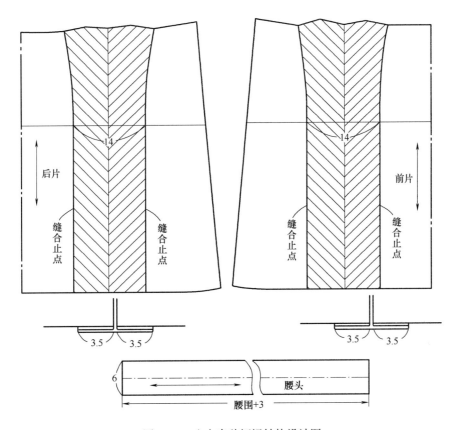

图 3-58　少女春秋短裙结构设计图

图 3-59　少女春秋连衣裙款式设计图

（2）适合年龄：12 ～ 15 岁，身高 140 ～ 160cm。

（3）规格设计：裙长 = 身高 × 0.5 −（0 ～ 3）cm；

胸围 = 净胸围 + 10cm；

肩宽 = 总肩宽 -（2 ~ 4）cm；

袖长 = 全臂长 -（0 ~ 2）cm。

身高 140 ~ 160cm 少女春秋连衣裙各部位规格尺寸如表 3-30 所示。

表3-30 少女春秋连衣裙各部位规格尺寸　　　　　　　　　　　　　单位：cm

身高	后衣长	胸围	背长	肩宽	袖长	袖口宽	领口宽	后领深	前领深
140	69	74	32	32	46	22	6.6	1.8	6.6
150	74	82	34	34	49	24	7	2	7
160	79	90	36	36	52	26	7.4	2.2	7.4

（4）结构制图：身高 150cm 少女春秋连衣裙结构设计图如图 3-60 所示。

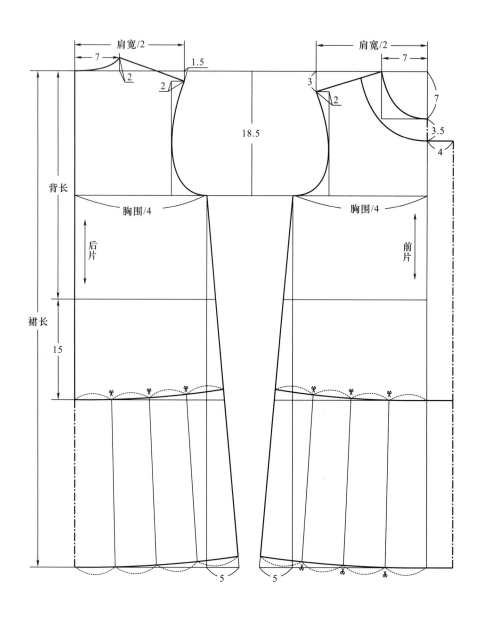

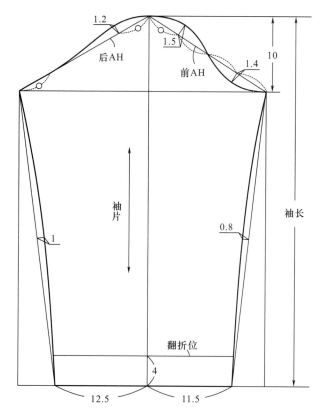

图 3-60 少女春秋连衣裙结构设计图

（5）原材料说明：各衣片采用毛呢机织平纹面料，拼色部位面料组织相同、颜色不同，后中心合适长度拉链 1 条。

思考与练习

1. 分别针对婴儿、幼儿、学童和少年体型特点设计春秋季裤装各一条，绘制结构图，并分析松量的加放、结构的差异和材料使用的不同。

2. 分别设计婴儿期、幼儿期、学童期和少年期连衣裙各一条，结合体型特点分析横向分割线应用位置的差异。

3. 分析上衣领型设计中，婴幼儿期与学童期的差异。

冬季日常童装结构设计

课程名称： 冬季日常童装结构设计

课程内容： 1. 婴儿棉服。

2. 幼儿棉服。

3. 学童棉服。

4. 少年棉服。

上课时数： 12课时

教学提示： 讲解冬季气候特点与对服装的要求；介绍婴儿期、幼儿期、学童期和少年期在冬季服装款式选择中的区别、在结构制图及结构细节处理中的区别、在面料选择中的区别。

教学要求： 1. 使学生了解冬季各年龄段棉服的常见款式。

2. 使学生掌握冬季棉服成衣规格设计的方法及规律。

3. 使学生掌握冬季各类童装结构制图的方法、细节处理方式及与成人的区别。

4. 使学生掌握冬季童装面料的选择，了解不同年龄段童装面料的差异。

课前准备： 选择品牌童装流行款式图片及视频资料、冬季童装面料样卡和童装样衣等，作为本章节理论联系实际的教学参考。

第四章 冬季日常童装结构设计

冬季服装的主要功能是防寒保暖，选择合适的服装结构和服装材料能减少因传导、对流、辐射、蒸发对人体造成的热损失。

冬季童装的结构设计要考虑保暖性与活动性的统一、流行性与舒适性的统一。冬季服装款式各异，如宽松的长棉衣、短小合身的夹克、合体收腰的长大衣等都是冬季童装的合适选择。服装要做到对人体背部、上臂、腹部、膝部等关键部位的充分保暖，尽量避免有暴露或通风透气的设计。上装开口部位应设计在前部，比如设计为前拉链形式，同时领口、袖口、下摆处可以设计抽绳，寒冷时可以抽紧，出汗情况下则可以打开散热，保持衣内微气候的最佳状态。连帽外衣设计是童装中常见的设计形式，可以在大风、雪天气下维持头部、颈部的保暖量。领型设计时，可以选用翻领，但领座不宜太高，尽量避免无领设计。袖型设计要考虑到活动方便，插肩袖的活动余量最大，是夹克、长棉衣等童装的最佳选择。裤装的设计可采用背带或连身的形式，使全身上下形成一个温暖的衣内微气候，有利于保暖和空气调节等。

冬季童装内层面料应选用柔软细腻的纯棉针织物，中外层面料可选用棉、毛、羊绒、起绒、蓬松的织物，质地以紧密厚实为主。

第一节 婴儿棉服

婴儿阶段很少外出，即使外出也会外罩披风或睡袋，所以婴儿棉服的主要特点是设计宽松、结构简单、易于开合。上衣主要款式为无领偏襟小棉袄，易穿易脱，前中交叠量大可保护腹部不易受凉。下装主要为开裆连脚棉裤，前后均可开合，便于更换尿片。

一、婴儿棉袄

（1）款式说明：宽松设计，无领，长袖，前片偏襟设计，闭合形式为系带。款式设计如图 4-1 所示。

（2）适合年龄：0 ~ 12 个月，身高 52 ~ 80cm。

（3）规格设计：衣长 = 背长 +（12 ~ 15）cm；

胸围 = 净胸围 + 18cm；

肩宽 = 净肩宽 + 6cm；

袖长 = 手臂长 – 3cm。

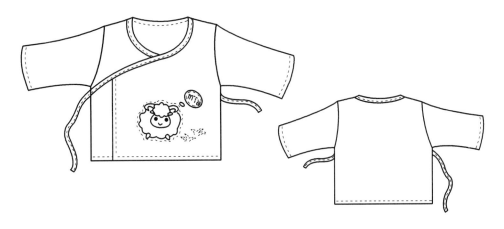

图 4-1 婴儿棉袄款式设计图

身高 66 ~ 80cm 婴儿棉袄各部位规格尺寸见表 4-1。

表4-1 婴儿棉袄各部位规格尺寸 单位：cm

身高	衣长	胸围	袖长	肩宽	袖窿深	袖口	领宽	后领深
66	30	58	18.5	22	13.5	10	5.8	1.5
73	32	62	20	23.5	14	10	6	1.5
80	34	66	21.5	25	14.5	10	6.2	1.5

（4）结构制图：身高 73cm 婴儿棉袄结构设计图如图 4-2 所示。

（5）原材料说明：面料和里料各衣片、绲条均采用针织汗布或棉毛布。

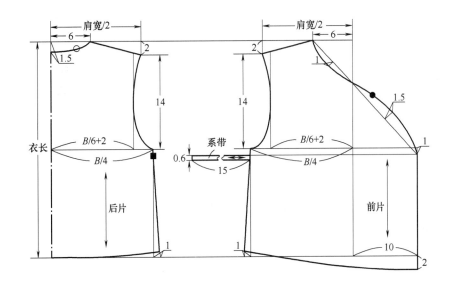

图 4-2

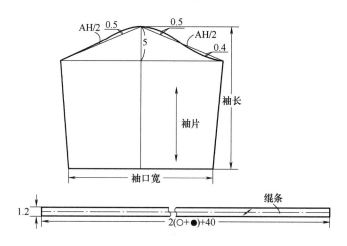

图 4-2　婴儿棉袄结构设计图

二、婴儿棉裤

（1）款式说明：婴儿连脚棉裤，前后大开裆设计，上裆较长，前中用扣系结，便于婴儿更换尿布；腰头绲边抽橡皮筋，绲边延长后在后腰系结；裤口系带。款式设计如图 4-3 所示。

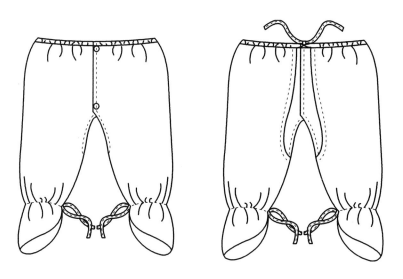

图 4-3　婴儿棉裤款式设计图

（2）适合年龄：0 ~ 12 个月，身高 52 ~ 80cm。

（3）规格设计：裤长 = 身高 ×0.6 ±1cm；

臀围 = 净臀围 +（18 ~ 22）cm；

腰围 = 臀围。

身高 59 ~ 73cm 婴儿棉裤各部位规格尺寸见表 4-2 所示。

表4-2 婴儿棉裤各部位规格尺寸 单位：cm

身高	裤长	腰围	臀围	裤口宽	上裆长
59	35	61	61	12	23
66	39	64	64	13	24
73	43	67	67	14	25

（4）结构制图：身高66cm婴儿棉裤结构设计如图4-4所示。

（5）原材料说明：面料和里料各衣片、绲条均采用针织汗布或棉毛布。

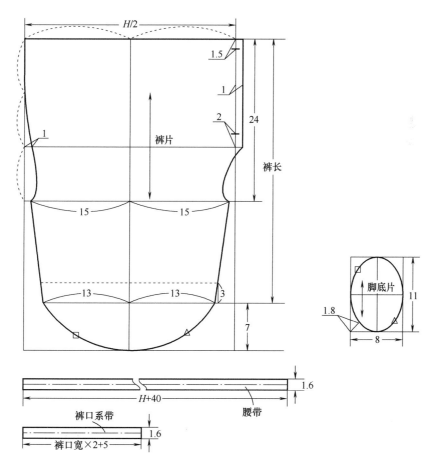

图4-4 婴儿棉裤结构设计图

第二节 幼儿棉服

幼儿的活动量大大增加，自主能力增强，此阶段棉服的款式设计可以稍微复杂些，色彩的运用也更加丰富灵活。上衣一般设计较高的立领或帽子，利于挡风和保暖；口袋的设计非常必要，方便插手和装物品，丰富的造型也成为儿童的最爱。下装主要为松紧腰棉裤或背带棉裤，轻便舒适，易于儿童穿脱。

一、幼儿棉马甲

（1）款式说明：较宽松设计，较宽的立领，中间可抽带系扎，利于保暖；前后片有横向分割线，并做掩襟设计；两侧开口，钉有金属纽扣。款式设计如图 4-5 所示。

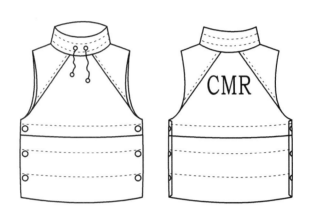

图 4-5　幼儿棉马甲款式设计图

（2）适合年龄：2 ～ 4 岁，身高 90 ～ 110cm。

（3）规格设计：衣长 = 身高 × 0.4；

　　　　　　　胸围 = 净胸围 +（26 ～ 28）cm；

　　　　　　　肩宽 = 总肩宽 +（6 ～ 7）cm；

　　　　　　　领宽 = 颈根围 /5 +（5.5 ～ 6.5）cm；

　　　　　　　后袖窿深 = 胸围 /6 +（4 ～ 5）cm。

身高 90 ～ 110cm 幼儿棉马甲各部位规格尺寸见表 4-3。

表4-3　幼儿棉马甲各部位规格尺寸　　　　　　　　单位：cm

身高	衣长	胸围	肩宽	领宽	前领深	后领深	领座宽	后袖窿深
90	36	76	30	10.5	6	4	6	17
100	40	80	32	11	6	4	6.5	18
110	44	84	34	11.5	6	4	7	19

（4）结构制图：身高约 100cm 幼儿棉马甲结构设计图如图 4-6 所示。

（5）原材料说明：面料采用纯棉机织斜纹面料，里料采用纯棉机织薄平纹面料，两侧 6 粒金属纽扣，领部抽绳 1 根。

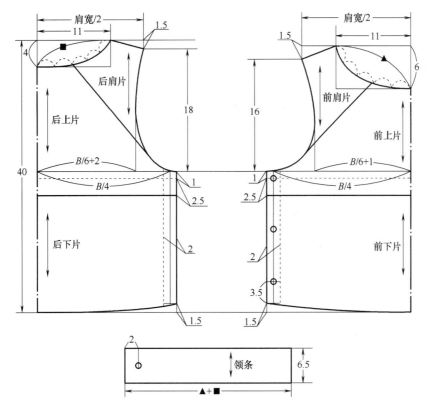

图 4-6 幼儿棉马甲结构设计图

二、幼儿棉外套

（1）款式说明：宽松棉外套，衣长适中，插肩袖设计，仿生贴袋，连衣帽增加保暖性，帽檐、下摆、袖口、袋口等处毛边装饰，前中心用皮扣襻连接。款式设计如图 4-7 所示。

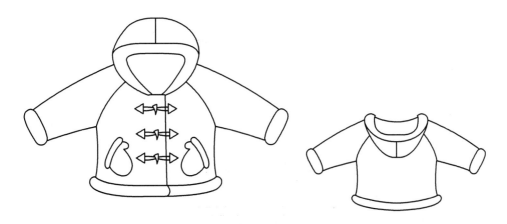

图 4-7 幼儿棉外套款式设计图

（2）适合年龄：1 ~ 3 岁，身高 80 ~ 100cm。

（3）规格设计：后衣长 = 后背长 +（10 ~ 12）cm；

胸围 = 净胸围 + 24cm；

袖长 = 全臂长 + 3cm。

身高 80 ~ 100cm 幼儿棉外套各部位规格尺寸见表 4-4。

表4-4　幼儿棉外套各部位规格尺寸　　　　　　　　　　　单位：cm

身高	后衣长	胸围	袖长	袖口宽	领宽	前领深	后领深
80	30	72	36.5	10	5.6	6.1	1.7
90	32	76	39.5	11	5.8	6.3	1.7
100	34	80	42.5	12	6	6.5	1.7

（4）结构制图：身高 100cm 幼儿棉外套结构设计如图 4-8 所示。

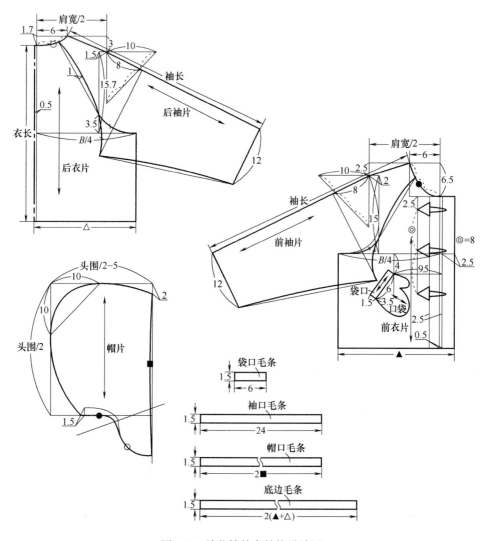

图 4-8　幼儿棉外套结构设计图

（5）原材料说明：面料可采用纯棉机织平纹、斜纹或细灯芯绒面料，里料采用纯棉机织薄平纹面料，皮扣襻 3 副，白色毛皮适量。

三、幼儿棉裤

（1）款式特点：宽松设计，腰头抽橡皮筋；开侧口袋，有明线作为装饰，裤口绱罗纹边。款式设计如图 4-9 所示。

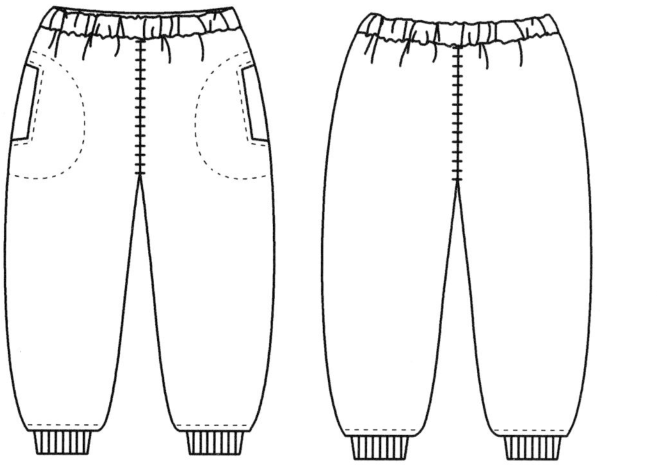

图 4-9　幼儿棉裤款式设计图

（2）适合年龄：2 ~ 4 岁，身高 90 ~ 110cm。

（3）规格设计：裤长 = 腰围高 -（2 ~ 3）cm；

腰围 = 臀围；

臀围 = 净臀围 +30cm。

身高 90 ~ 110cm 幼儿棉裤各部位规格尺寸见表 4-5。

表4-5　幼儿棉裤各部位规格尺寸　　单位：cm

身高	裤长	腰围	臀围	上裆长	裤口宽	腰头宽
90	49	77	77	22	15	2
100	56	82	82	23	16	2
110	63	87	87	24	17	2

（4）结构制图：身高约 100cm 幼儿棉裤结构设计图如图 4-10 所示。

（5）原材料说明：面料可采用纯棉机织平纹、斜纹或灯芯绒面料，里料采用纯棉机织薄平纹面料，裤口罗纹适量，腰头橡皮筋适量。

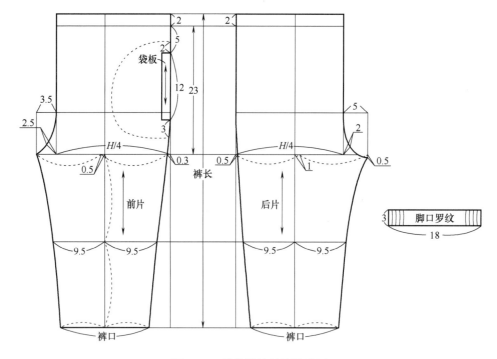

图 4-10 幼儿棉裤结构设计图

第三节 学童棉服

学童期的儿童自理能力已经很强，并且具有了一定的审美意识。这个时期的棉服衣身上可以设计较多的扣、襻、拉链、口袋等附属品或装饰品，但整体造型仍以宽松舒适为主。

（1）款式说明：宽松式棉服，带帽，衣身有多处明线设计，袖口处缉罗纹，下摆处有松紧扣可调节松紧。款式设计如图 4-11 所示。

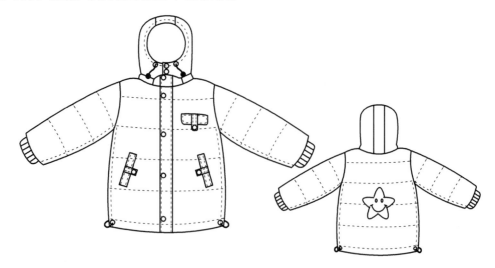

图 4-11 学童棉服款式设计图

（2）适合年龄：6 ~ 8 岁，身高 110 ~ 130cm。

（3）规格设计：衣长 = 身高 × 0.5 − （2 ~ 4）cm；

胸围 = 净胸围 + （28 ~ 30）cm；

领宽 = 颈根围 /5 + （4 ~ 5）cm；

肩宽 = 净肩宽 + （8 ~ 10）cm；

袖长 = 全臂长 + （4 ~ 5）cm。

身高 110 ~ 130cm 学童棉服各部位规格尺寸见表4-6。

表4-6　学童棉服各部位规格尺寸　　　　　　　　　　　单位：cm

身高	衣长	胸围	领宽	肩宽	袖长	袖口宽	搭门宽
110	52	90	9.5	37	39	13.5	5
120	57	94	10	39	42	14	5
130	62	98	10.5	41	45	14.5	5

（4）结构制图：身高 120cm 学童棉服结构设计图如图 4-12 所示。

（5）原材料说明：面料采用机织，锦纶薄平纹面料，里料采用机织聚酯纤维薄平纹面料，袖口纯棉罗纹适量，合适大小扣子 10 粒，气眼 4 个，弹力绳适量。

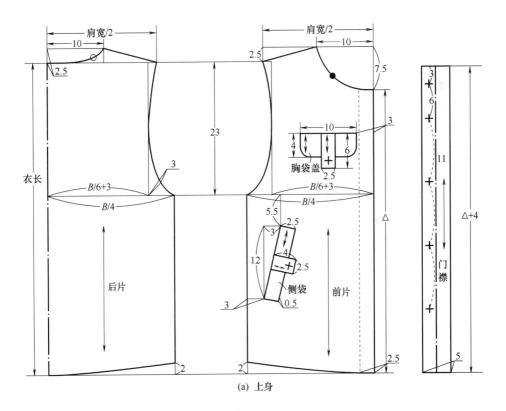

(a) 上身

图 4-12

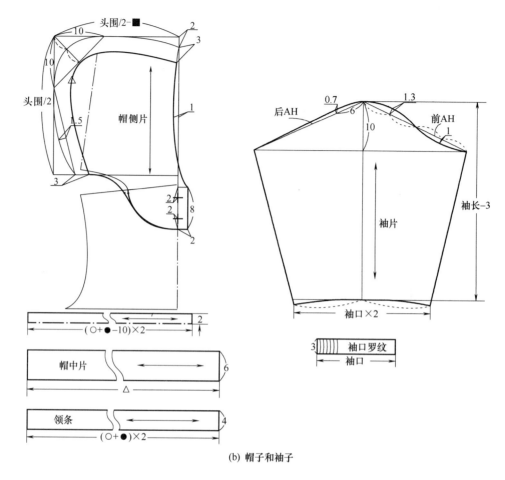

（b）帽子和袖子

图4-12　学童棉服结构设计图

第四节　少年棉服

少年期男女童的体型差异日益明显，并且已经具备了较强的审美能力，此时棉服的
造型出现了较大的分化。男童的棉服仍以宽松的 H 型为主，但衣身多分割和拼色设计，
体现活泼动感；女童棉服开始突出胸腰的落差，衣身上出现了公主线、刀背缝、收腰设计等，
体现微妙的曲线美。

（1）款式说明：适合少女的 X 型中长款羽绒服，肩部合体，腰部抽橡皮筋，下摆膨起；
前后衣片均有刀背缝；衣身多处抽细橡皮筋，有修身和装饰的作用；袋口、下袖缝、后背分
割缝处缀有装饰性花边。款式设计如图 4-13 所示。

（2）适合年龄：12 ~ 15 岁，身高 140 ~ 160cm。

（3）规格设计：衣长 = 身高 ×0.5+（2 ~ 4）cm；

胸围 = 净胸围 +（26 ~ 30）cm；

腰围 = 净腰围 +（28 ~ 31）cm；

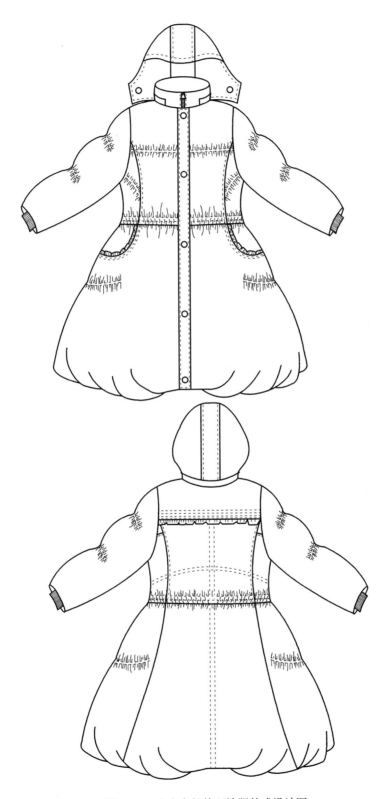

图 4-13　少女中长款羽绒服款式设计图

肩宽 = 净肩宽 +（0 ~ 2）cm；

领宽 = 颈根围 /5 +（3 ~ 4）cm；

袖长 = 全臂长 +（5 ~ 6）cm。

身高 140 ~ 160cm 少女中长款羽绒服各部位规格尺寸见表4-7。

表4-7　少女中长款羽绒服各部位规格尺寸　　　　　　　　　单位：cm

身高	衣长	胸围	腰围	肩宽	领宽	袖长	袖口宽	领片宽	搭门宽
140	72	90	86	35	9	50	13	6	5
150	77	98	92	37	9.5	53	14	6.5	5
160	82	106	98	39	10	56	15	6.5	5

（4）结构制图：身高 160cm 少女中长款羽绒服结构设计如图 4-14 所示。

（5）原材料说明：面料采用机织锦纶薄平纹面料，里料采用机织聚酯纤维薄平纹面料，袖口纯棉罗纹适量，前门襟拉链 1 条，金属按扣 6 粒，花边适量。

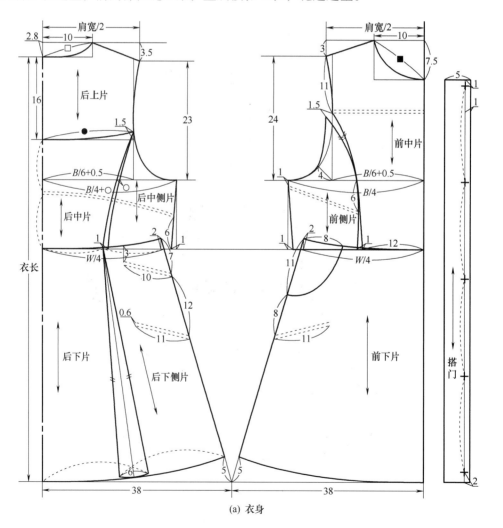

(a) 衣身

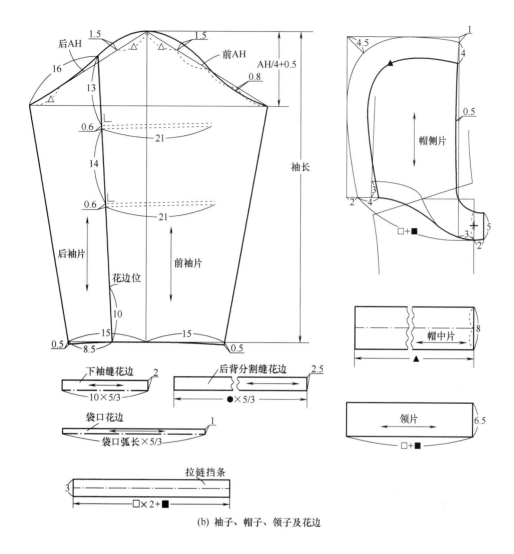

(b) 袖子、帽子、领子及花边

图4-14　少女中长款羽绒服结构设计图

思考与练习

1. 分析幼儿冬季棉服上衣与夏季上衣在放松量上的差异。

2. 设计婴儿期不同裆型的棉裤，并进行结构制图。

校服结构设计

课程名称：校服结构设计

课程内容：1．制服式校服。

2．运动式校服。

上课时数：8课时

教学提示：讲解校服的功能性要求；介绍制服式校服和运动式校服的特点和区别；介绍校服成衣规格的设计特点、细节设计特点和面料的选用。

教学要求：1．使学生了解校服的功能性要求。

2．使学生了解制服式校服和运动式校服的特点和细节设计方式。

3．使学生掌握各类校服的规格设计和结构制图的方法。

4．使学生掌握各类校服面料的选择，了解适合校服的新型服装面料。

课前准备：选择国内外校服图片、校服面料样卡和校服样衣等，作为本章节理论联系实际的教学参考。

第五章　校服结构设计

　　校服是指学生在着装方面遵守统一的标准，包括服装的款式、颜色、面料等。校服的实施不仅有利于教学管理的统一化、规范化，而且对于学生素质的培养有着不可忽视的作用。统一的着装可以提高学生的责任感和自律性，加强学生的团队意识，杜绝学生之间的攀比现象，创造平等的学习环境，提高学生的审美情趣，杜绝"奇装异服"进校园，有利于学生把精力放在学习上。同时统一的着装也有利于社会监督与学生保护。

　　中小学生体型变化较快，并经常参加体育活动，因此中小学生校服的款式设计应具备一定的运动机能性、可调节性和可组合性。在进行设计时，校服结构的设计应以不妨碍人体的基本运动为原则，做到尺寸安全、结构合理；应选用简洁、流畅的线条，力争在统一的服装形象中追求个性；在局部造型设计中，如口袋、袖口、领型和分割线等处可借鉴休闲元素；男生服装的设计应能体现阳刚之气和青春活力，女生服装的设计应力求文雅秀美，使服装的风格与款式和谐统一。

　　中小学生校服面料在选择时首先应注意安全卫生，面料不仅要具有吸湿散热性、防霉防菌性，还要质轻、结实、耐洗、不褪色、缩水性小、免烫。特别是主要面料应选用耐洗、耐磨、抗皱、防缩、防静电的天然或混纺面料。其次是物理机械特性好，面料要能满足学生运动的需要，同时还要易保养、易洗涤。再次是美观大方，面料要能体现学生谦逊、温和、平稳的个性。正装校服可选用毛混纺面料，这种面料外观平整光洁、柔滑挺括、丰满而有弹性；休闲风格的校服最好采用棉加莱卡的面料，具有天然纤维的特性和必要的回弹性，吸湿、透气、保温性良好，不易变形，穿着舒适，运动自如；运动风格的校服可采用改良后的化学纤维面料或混纺面料，例如，涤棉混纺面料光泽明亮，手感滑爽，外观细腻且质地轻薄，易洗快干。总之，校服面料的选用要体现安全、实用的主题，使学生的身心得到健康的发展。

第一节　制服式校服

1. 小学女生夏季制式校服

　　（1）款式说明：上衣采用较宽松设计，经典过肩和小关门领，灯笼袖，袖口处抽褶。

　　下装为较宽松的裙裤设计，腰围侧缝两侧抽橡皮筋。简洁朴素的衬衫搭配舒适的裙裤，体现清新自然的儿童风貌。款式设计如图5-1所示。

图 5-1　小学女生夏季制式校服款式设计图

（2）适合年龄：6~12岁，身高 110 ～ 150cm。

（3）规格设计。

上衣规格设计：衣长 = 背长 + 15cm；

胸围 = 净胸围 + 18cm；

袖长 = 1/3 手臂长 + 3cm。

裙裤规格设计：裤长为设计量；

腰围（收橡皮筋后尺寸）= 净腰围；

臀围 = 净臀围 + 18cm。

身高 110 ～ 130cm 小学女生夏季制式校服各部位规格尺寸见表 5-1、表 5-2。

（4）结构制图：身高 120cm 小学女生夏季制式校服结构设计图如图 5-2 所示。

（5）原材料说明：上衣各底片采用涤棉机织平纹织物，4 粒合适大小纽扣，适量橡皮筋。裙裤采用针织复合双层组织面料，合适大小纽扣 1 粒，适量橡皮筋。

表5-1　小学女生夏季制式校服上衣各部位规格尺寸　　　　　　　　单位：cm

身高	后衣长	胸围	袖长
110	41	70	17
120	43	74	18.5
130	45	78	20

表5-2　小学女生夏季制式校服裙裤各部位规格尺寸　　　　　　　　单位：cm

身高	裤长	腰围	臀围	立裆
110	34	53	79	24
120	38	56	84	25
130	42	59	89	26

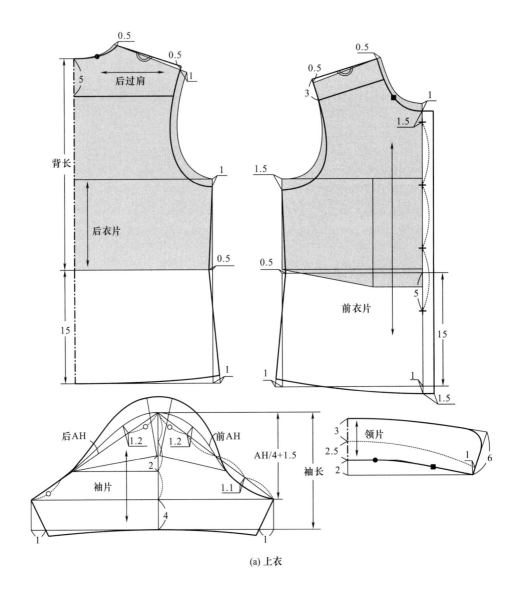

(a) 上衣

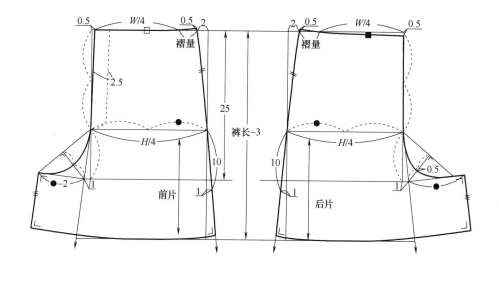

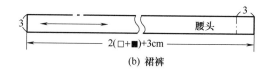

(b) 裙裤

图 5-2　小学女生夏季制式校服结构设计图

2. 女中学生春秋季制式校服

（1）款式说明：经典制式校服，款式简洁明快、朴素大方，时尚青春、成熟稳重，较好地体现了逐渐长大的女生对服装的审美要求，满足了她们希望得到社会认可的心理。

上衣采用较宽松设计，经典西服造型，公主线，2粒扣，衣领、前中心、下摆、袖口等处有亮条镶边装饰。

A型褶裥裙的腰身采用了功能性分割线，既满足了造型之需，起到很好的装饰作用，也很好地体现了人体的体型之美。动感十足的褶裥裙体现出快乐、活泼的女中学生形象，育克处添加同色系的蝴蝶结，活泼又不失稳重。款式设计如图5-3所示。

（2）适合年龄：12～15岁，身高140～160cm的女中学生。

（3）规格设计。

上衣规格设计：衣长 = 背长 + 16cm；

　　　　　　　胸围 = 净胸围 + 18cm；

　　　　　　　腰围 = 净腰围 + 14cm；

　　　　　　　袖长 = 手臂长 + 2.5cm；

　　　　　　　肩宽 = 净肩宽 - 1cm。

裙子规格设计：裙长为设计量；

　　　　　　　腰围 = 净腰围 + 2cm。

(a) 上衣

(b) 裙子

图 5-3　女中学生春秋季制式校服款式设计图

身高 140 ~ 160cm 女中学生春秋季制式校服各部位规格尺寸见表 5-3、表 5-4。

表5-3　女中学生春秋季制式校服上衣各部位规格尺寸　　　　单位：cm

身高	后衣长	胸围	腰围	肩宽	袖长	领宽	翻领宽
140	46	82	66	34	47	6.4	6
150	50	90	72	36	50	6.6	6
160	54	98	78	38	53	6.8	6

表5-4　女中学生春秋季制式校服短裙各部位规格尺寸　　　　单位：cm

身高	裙长	腰围	净臀围	臀高
140	36	54	66	16.5
150	40	60	75	17
160	44	66	84	17.5

（4）结构制图：身高 150cm 女中学生春秋季制式校服结构设计图如图 5-4 所示。

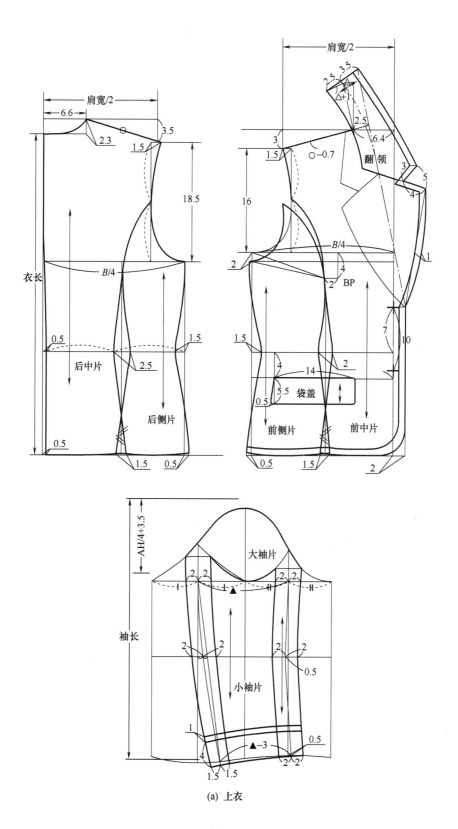

(a) 上衣

图 5-4

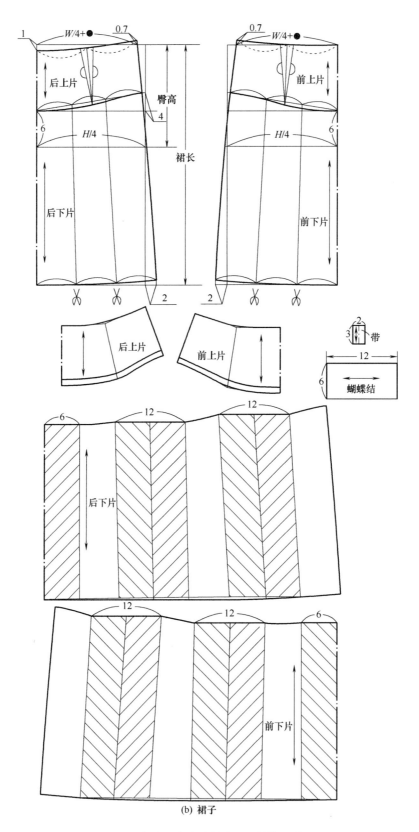

(b) 裙子

图 5-4　女中学生春秋季制式校服结构设计图

（5）原材料说明：上衣及裙子各衣片均采用毛涤机织斜纹面料，上下装可选择组织，结构相同、成分相同而颜色不同的面料，适量镶边丝带，2粒合适大小纽扣，1副挂钩。

第二节　运动式校服

1. 夏季运动式校服

（1）款式说明：宽松设计，给予足够的运动松量；V型领口，绱小翻领；插肩袖，有袖底插片，更适于运动；前衣片有纵向分割线，体现活泼动感；短裤侧缝有直插袋，腰头抽橡皮筋。款式设计如图5-5所示。

（2）适合年龄：12～15岁的男中学生，身高150～170cm。

（3）规格设计：衣长 = 背长 +（22～25）cm；

　　　　　　　　　胸围 = 净胸围 + 26cm；

　　　　　　　　　领宽 = 颈围 /5 +（2.2～2.5）cm；

　　　　　　　　　袖长 = 净肩宽 /2 – 领宽 + 全臂长 /3 +（3～4）cm；

　　　　　　　　　裤长 =（腰围高 – 2）/2 –（2～4）cm；

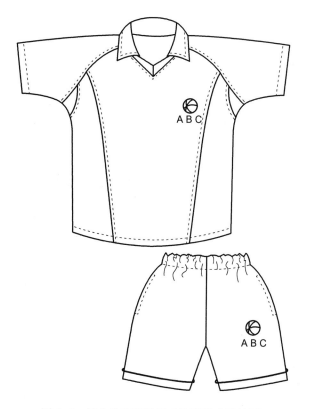

图 5-5　男中学生夏季运动校服款式设计图

腰围（抽橡皮筋后尺寸）= 净腰围 –（5 ~ 6）cm；

臀围 = 净臀围 +（28 ~ 32）cm。

身高 150 ~ 170cm 男中学生夏季运动校服各部位规格尺寸见表5-5、表5-6。

表5-5　男中学生夏季运动校服上衣各部位规格尺寸　　　　　单位：cm

身高	衣长	胸围	领宽	袖长	袖口宽	翻领宽
150	60	94	8.5	30	18	7
160	63	102	9	32	20	7.5
170	66	110	9.5	34	22	8

表5-6　男中学生夏季运动校服短裤各部位规格尺寸　　　　　单位：cm

身高	裤长	腰围	臀围	上裆长	裤口宽	腰头宽
150	43	55	104	28	27	2.5
160	46	61	112	29	29	2.5
170	49	67	120	30	31	2.5

（4）结构制图：身高150cm中学男生夏季运动校服结构设计图如图5-6所示。

（5）原材料说明：上下装衣片均采用针织聚酯纤维类面料，短裤装有适量橡皮筋。

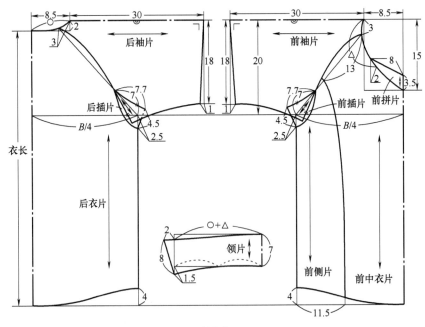

(a)上衣

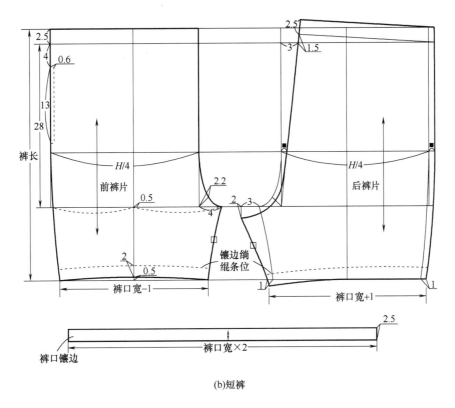

图 5-6　男中学生夏季运动校服结构设计图

2. 春秋季运动式校服

（1）款式说明：休闲运动装设计，结构中采用直线分割，可体现中学男生的硬朗之气。上衣与下装分割采用呼应设计，分割片可采用不同的颜色，使服装清纯活泼。款式设计如图 5-7 所示。

（2）适合年龄：12 ~ 15 岁的男中学生，身高 150 ~ 170cm。

（3）规格设计：衣长 = 背长 + 22cm；

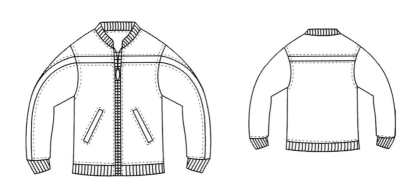

图 5-7

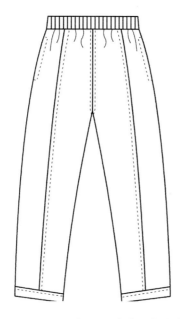
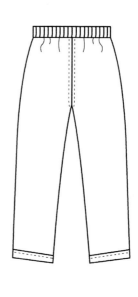

图5-7　中学生春秋季运动校服款式设计图

胸围 = 净胸围 + 26cm；

袖长 = 全臂长 + 3cm；

袖口 = 腕围 + 2cm。

裤长 = 腰围高；

臀围 = 净臀围 + 20cm；

腰围（收橡皮筋后尺寸）= 净腰围 – 4cm。

身高 150 ~ 170cm 男中学生春秋季运动校服各部位规格尺寸见表 5-7、表 5-8。

表5-7　男中学生春秋季运动校服上衣各部位规格尺寸　　　　单位：cm

身高	后衣长	胸围	袖长	袖口宽
150	56	90	49	12
160	60	98	52	14
170	64	106	55	16

表5-8　男中学生春秋季运动校服裤子各部位规格尺寸　　　　单位：cm

身高	裤长	腰围	臀围	上档长	裤口围
150	92	63	97.5	25	38
160	98	69	106.5	27	40
170	104	75	115.5	29	42

（4）结构制图：身高 150cm 男中学生春秋季运动校服结构设计图如图 5-8 所示。

（5）原材料说明：各衣片采用机织聚酯纤维复合面料，前门襟拉链1条，腰部适量针织罗纹面料。

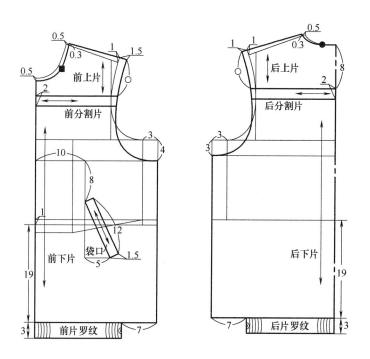

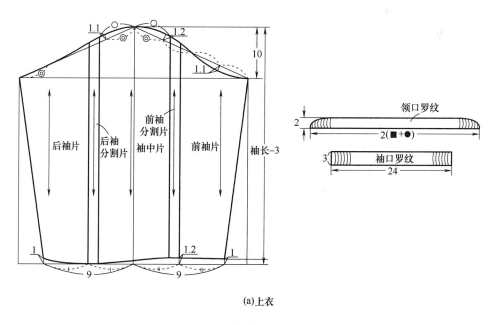

(a)上衣

图 5-8

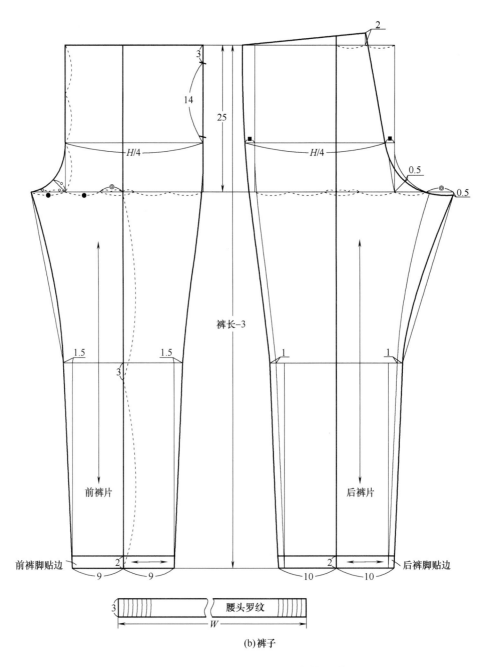

(b)裤子

图 5-8　男中学生春秋季运动校服结构设计图

思考与练习

以某小学为例，设计男女学生夏季和春秋季制式校服和运动式校服各一套，并对校服材料进行详细说明。

儿童服饰配件结构设计

课程名称： 儿童服饰配件结构设计

课程内容： 1．罩衣。

2．睡袋。

3．肚兜。

4．围兜。

5．帽子。

上课时数： 4 课时

教学提示： 讲解各种服饰配件的功能性要求；介绍各种服饰配件的特点；介绍各种服饰配件的结构制图方法和面料的选用。

教学要求： 1．使学生了解各种服饰配件的功能性要求。

2．使学生了解各种服饰配件的特点。

3．使学生掌握各种服饰配件的规格设计和结构制图的方法。

4．使学生掌握各种服饰配件的面料选择。

课前准备： 选择国内外各种服饰配件的图片和配装实物等，作为本章节理论联系实际的教学参考。

第六章 儿童服饰配件结构设计

第一节 罩衣

罩衣是常见的儿童服装款式，常用于较大的婴儿至整个幼儿阶段。罩衣属外衣，穿着季节在春季、秋季和冬季。罩衣具有广泛的适用性，其设计特点是易于穿脱，便于洗涤，穿着舒适。结构上既可以采用插肩袖，又可采用装袖。罩衣除了作为普通服装穿着外，还可用作幼儿吃饭用衣。

根据穿着目的不同，罩衣所选用的面料也不同。因为罩衣要体现易洗快干的特点，所以采用面料一般为薄型面料，比较常见的是纯棉织物和涤棉混纺织物。若用作吃饭的罩衣，可采用防水面料制作。

一、儿童绱袖罩衣

（1）款式特点：领口绲边，胸前有分割线，抽褶；下摆处有花边，正面口袋的一侧与侧缝缝合。款式设计如图 6-1 所示。

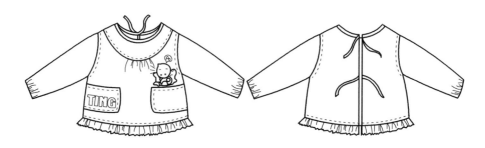

图 6-1 儿童绱袖罩衣款式设计图

（2）适合年龄：1 ~ 3 岁，身高 80 ~ 100cm。

（3）规格设计：衣长 = 身高 × 0.5 -（4 ~ 5）cm；

胸围 = 净胸围 +（16 ~ 18）cm；

袖长 = 全臂长 +（3 ~ 6）cm。

身高 80 ~ 100cm 儿童绱袖罩衣各部位规格尺寸见表 6-1。

表6-1　儿童绱袖罩衣各部位规格尺寸　　　　　　　　单位：cm

身高	衣长	胸围	袖长	肩宽	袖口宽	领宽	前领深	后领深
80	37	66	29	28	11	7.5	5.5	2.5
90	41	70	32	30	12	8	6	2.5
100	45	74	35	32	13	8.5	6.5	2.5

（4）结构制图：身高90cm儿童绱袖罩衣结构设计图如图6-2所示。

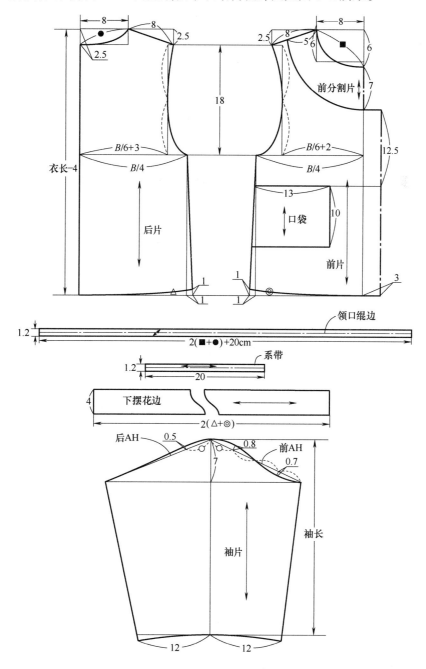

图6-2　儿童绱袖罩衣结构设计图

（5）原材料说明：各衣片均采用纯棉或涤棉机织平纹面料。

二、儿童插肩袖罩衣

（1）款式特点：前领口处抽碎褶，领口绲边延长后作为系带，可以在后领处系结，前片有纵向分割，插肩袖，口袋与分割线缝合。款式设计如图6-3所示。

图6-3　儿童插肩袖罩衣款式设计图

（2）适合年龄：1～3岁，身高80～100cm。

（3）规格设计：衣长 = 身高 × 0.5 -（4～5）cm；

　　　　　　　胸围 = 净胸围 +（16～18）cm。

身高80～100cm儿童插肩袖罩衣各部位规格尺寸见表6-2。

表6-2　儿童插肩袖罩衣各部位规格尺寸　　　　　　　　　　单位：cm

身高	衣长	胸围	袖长	肩宽	袖口围	领宽	前领深	后领深
80	37	66	37	24	23	5.5	4.5	1.5
90	41	70	40	25	24	6	5	1.5
100	45	74	43	26	25	6.5	5.5	1.5

（4）结构制图：身高90cm儿童插肩袖罩衣结构设计图如图6-4所示。

（5）原材料说明：各衣片均采用纯棉或涤棉机织平纹面料。

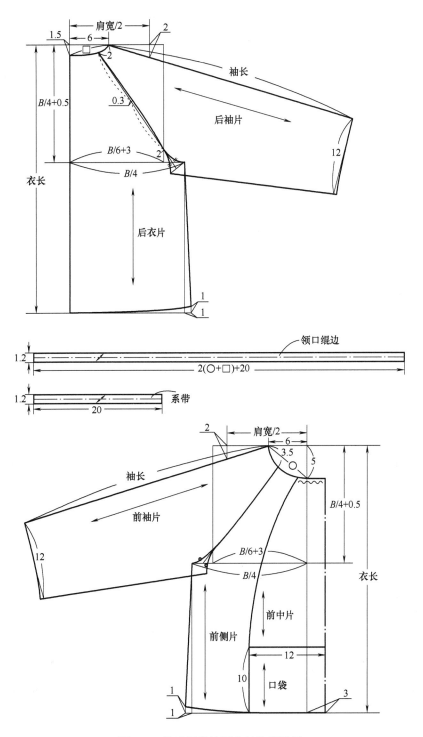

图 6-4　儿童插肩袖罩衣结构设计图

第二节　睡袋

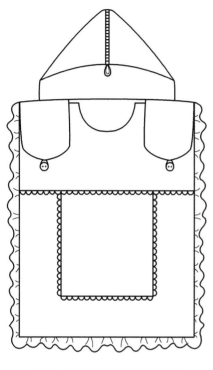

图6-5　婴儿睡袋款式设计图

睡袋是适合婴儿睡觉的配件，其结构特点应适应婴儿的睡眠，同时考虑外出时可以用于包裹婴儿，因此在结构设计时应具有足够的围度和长度松量。睡袋应具有方便穿脱的特点，因衣长较长，所需纽扣较多，会影响穿脱速度，而且系带和纽扣影响保暖，所以多采用拉链闭合形式，拉链质地应为塑料或尼龙，以增加其安全性。根据季节的不同，睡袋在春秋季面料可选用纯棉绒布或纯棉毛巾布，冬季则一般制作成带里料和絮片层的棉服。

（1）款式说明：主体为长方形，四周有装饰性花边，左、下两侧装拉链。肩部有护肩，防止婴儿出来或着凉；头部位置有帽片，上侧装有拉链，拉链拉起可做挡风帽，展开可放平于枕下。款式设计如图6-5所示。

（2）适合年龄：0 ~ 6个月，身高 52 ~ 66cm。

（3）规格设计：睡袋长 = 身高 +（15 ~ 18）cm；
睡袋宽 = 胸围 /2 + 手臂长 × 1.5+（5 ~ 6）cm。

身高 52 ~ 66cm 婴儿睡袋各部位规格尺寸见表 6-3。

表6-3　婴儿睡袋各部位规格尺寸　　　　单位：cm

身高	睡袋长	睡袋宽	领宽	前领深	花边宽
52	70	48	7	6	3.5
66	83	56	8	7	3.5

（4）结构制图：身高约 66cm 婴儿睡袋结构设计图如图 6-6 所示。

（5）原材料说明：春秋季睡袋面料可选用机织纯棉起绒布或针织纯棉毛中布，冬季棉睡袋面里料可采用机织纯棉平纹织物或起绒面料，絮片层可采用纯棉或聚酯纤维材料。

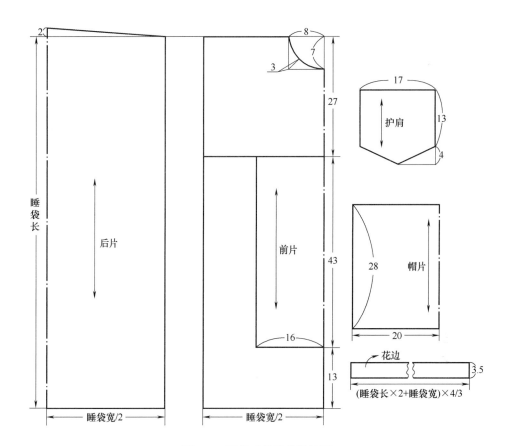

图 6-6　婴儿睡袋结构设计图

第三节　肚兜

婴儿睡觉时身体姿势不固定，非常容易着凉，肚兜可起保护腹部的作用。肚兜所用面料应为柔软的纯棉织物，如纯棉细纺、针织汗布、机织或针织起绒布等。

（1）款式说明：经典婴儿小肚兜款式，袖窿较大，两侧有带子在身后系结；颈部带子穿套领口右侧布环，在颈前方系结；衣身边缘缉缝明线，正中绣有吉祥图案。款式设计如图 6-7 所示。

图 6-7　婴儿小肚兜款式设计图

（2）适合年龄：0 ~ 1 岁，身高 52 ~ 80cm。

（3）规格设计：肚兜长 = 背长 +（5 ~ 7）cm；

肚兜宽 = 腰围 /2 +（0 ~ 2）cm；

领宽 = 净肩宽 /4。

身高 52 ～ 80cm 婴儿小肚兜各部位规格尺寸见表 6-4。

表6-4　婴儿小肚兜各部位规格尺寸　　　　　　　　　　　　　　单位：cm

身高	肚兜长	肚兜宽	领宽
52	21	20	3.5
66	24	22	4.5
80	27	24	5.5

（4）结构制图：身高 80cm 婴儿小肚兜结构设计图如图 6-8 所示。

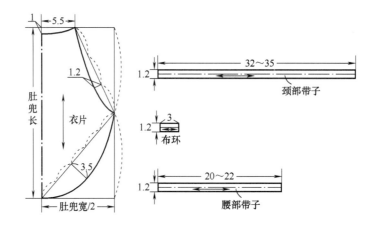

图 6-8　婴儿小肚兜结构设计图

（5）原材料说明：肚兜采用纯棉机织平纹面料，带子既可采用和肚兜相同的面料，也可采用纯棉编织绳带。

第四节　围兜

儿童在长牙阶段经常有口水流出，自己能吃饭时，服装也容易脏，所以围兜是婴儿必备的配件之一。因功能需要，围兜多在颈部或背部开口，可采用纽扣、魔术贴，也可采用系带的形式。在婴儿阶段，围兜主要是防止口水的玷污，所以结构简单，面积也较小；到幼儿阶段，儿童开始自主吃东西，饭粒、汤汁等玷污服装的机会大增，这时的围兜应设计较大的面积，以覆盖住整个衣服前襟，可以在前胸设计较大的口袋，防止饭粒等滑落到大腿玷污裤子。围兜多使用纯棉平布、绒布、涤棉布或经过后处理的防渗透布等。

一、婴儿小围嘴

（1）款式说明：领口合体，围嘴外边缘绲边设计，外边缘的绲条延长后做带子可以系于颈后。款式设计如图 6-9 所示。

（2）适合年龄：0 ~ 1 岁，身高 52 ~ 80cm。

（3）规格设计：围嘴宽 = 净胸围 /2 –（1 ~ 2）cm；

领宽 = 颈根围 /5 + 0.2cm。

身高 52 ~ 80cm 婴儿小围嘴各部位规格尺寸见表 6-5。

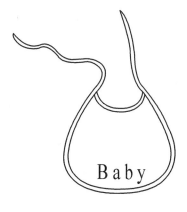

表 6-5　婴儿小围嘴各部位规格尺寸　　单位：cm

身高	围嘴宽	围嘴长	领宽	领深	绲边宽
52	18	17	4.7	3.5	0.6
66	20	18	4.9	4	0.6
80	22	19	5.1	4.5	0.6

图 6-9　婴儿小围嘴款式设计图

（4）结构制图：6 个月左右婴儿小围嘴结构设计图如图 6-10 所示。

（5）原材料说明：上层面料为针织毛巾布面料，里层材料为 PVC 防水材料，系带为机织纯棉平纹织物。

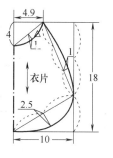

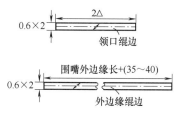

图 6-10　婴儿小围嘴结构设计图

二、幼儿围兜

（1）款式说明：领口较合体，围兜面积较大，利于保护内部的衣服不被玷污；衣身正中明贴袋，抽褶设计，袋口张开；领口、衣身外边缘绲边设计，外边缘的绲条延长后做带子系于颈后。款式设计如图 6-11 所示。

（2）适合年龄：2 ~ 4 岁，身高 90 ~ 110cm。

（3）规格设计：围嘴宽 = 净胸围 /2 +（2 ~ 4）cm；

领宽 = 颈根围 /5 +（0.5 ~ 1）cm。

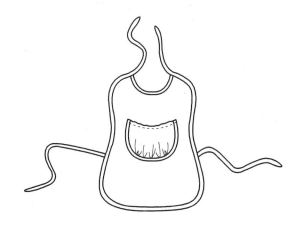

图 6-11　幼儿围兜款式设计图

身高90 ～ 100cm幼儿围兜各部位规格尺寸见表6-6。

表6-6　幼儿围兜各部位规格尺寸

单位：cm

身高	围兜长	围兜宽	领宽	领深	口袋宽	口袋高	滚边宽
90	30	28	5.8	5	17	12	0.6
100	34	30	6	5.5	17	12	0.6

（4）结构制图：身高约100cm幼儿围兜结构设计图如图6-12所示。

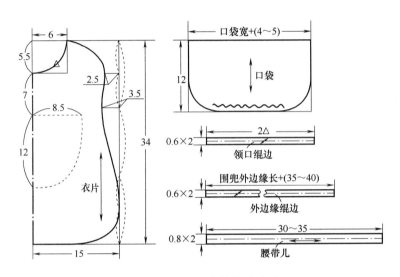

图6-12　幼儿围兜结构设计图

（5）原材料说明：上层面料为针织毛巾布面料，里层材料为PVC防水材料，系带为机织纯棉平纹织物。

第五节　帽子

帽子对于保护婴幼儿娇嫩的头部不受外界刺激、保温以及遮挡直射的阳光非常必要。在不同年龄、不同季节，帽子的款式有所不同，所需材料也不相同。夏季，面料和里料可选用吸湿、透气性较好的纯棉制品，如纯棉平布、纯棉泡泡纱等；冬季，里料仍选用柔软的纯棉制品，面料可采用保暖性较好的棉织物或羊毛织物。设计帽子时必不可少的尺寸是头围尺寸。

一、婴儿帽

（1）款式说明：纯棉婴儿帽，帽檐处有蕾丝花边装饰，后部系带抽褶，适合较小婴儿佩戴。款式设计如图6-13所示。

（2）适合年龄：0～6个月，头围35～45cm。

（3）规格设计：帽宽＝帽高＝0.9×头围/2。

0～6个月婴儿帽各部位规格尺寸见表6-7。

表6-7　婴儿帽各部位规格尺寸

单位：cm

身高	头围
52	35
59	40
66	45

（4）结构制图：身高66cm婴儿帽结构设计图如图6-14所示。

（5）原材料说明：帽身面料可采用机织纯棉平纹或泡泡纱面料，也可采用针织汗布、棉毛布等柔软的针织面料，帽檐采用纯棉蕾丝花边，帽绳采用纯棉系带。

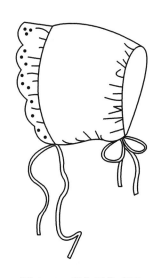

图6-13　婴儿帽款式图

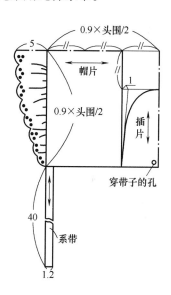

图6-14　婴儿帽款式图

二、男童鸭舌帽

（1）款式说明：四片式牛仔鸭舌帽，帽顶部有三条分割线，后部有贴布设计，帽身明线装饰。款式设计如图6-15所示。

（2）适合年龄：6个月～3周岁，身高66～100cm。

（3）规格设计：帽围＝头围+1.5cm。

身高66～100cm男童鸭舌帽各部位规格尺寸见表6-8。

图6-15　男童鸭舌帽款式设计图

表6-8　男童鸭舌帽各部位规格尺寸　　　　　　　　单位：cm

身高	帽围	帽高	帽檐长	帽檐宽
66	48	9	17	5
80	50	9	17	5
90	52	9	17	5
100	53	9	17	5

（4）结构制图：身高80cm男童鸭舌帽结构设计图如图6-16所示。

（5）原材料说明：帽子各片均采用牛仔面料。

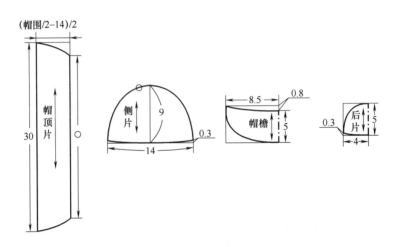

图6-16　男童鸭舌帽结构设计图

三、女童花边帽

（1）款式说明：半球形六片式设计，周边有花边装饰，两侧装有系带。款式设计如图6-17所示。

（2）适合年龄：1～3岁，身高80～100cm。

（3）规格设计：帽围=头围+1.5cm。

身高80～100cm女童花边帽各部位规格尺寸见表6-9。

表6-9　女童花边帽各部位规格尺寸　单位：cm

身高	帽围	帽高	花边宽	系带长
80	50	9	4	33
90	52	9	4	33
100	53	9	4	33

图6-17　女童花边帽款式设计图

（4）结构制图：身高 80cm 女童花边帽结构设计图如图 6-18 所示。

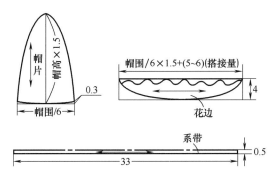

图 6-18　女童花边帽结构设计图

（5）原材料说明：帽身各片均采用机织纯棉平纹或泡泡纱面料，周边花边采用和帽身相同面料，帽绳采用纯棉柔软编织带。

思考与练习

1．针对半岁婴儿设计冬季可拆卸衣袖睡袋一件，对结构及材料进行说明。

2．针对两岁幼儿分别设计绱袖和插肩袖罩衣各一件，并进行结构制图。

童装工业样板的制作

课程名称： 童装工业样板的制作

课程内容： 1. 童装工业样板制作程序。

2. 童装工业样板制作实例。

上课时数： 6课时

教学提示： 介绍童装工业样板的要求；介绍样板检验与标注的内容；介绍缝份加放的原则；介绍各典型款式面料与里料样板的加放。

教学要求： 1. 使学生了解童装工业样板的规范化要求。

2. 使学生掌握童装工业样板检验与标注的内容和方法。

3. 使学生了解缝份加放的原则。

4. 使学生掌握童装主要品种缝份加放的方法，了解面料与里料缝份加放的区别，了解不同面料缝份加放的区别。

课前准备： 选择具有代表性的款式与结构图，在了解结构特点的基础上，结合款式和面料特点进行课堂教学。

第七章　童装工业样板的制作

第一节　童装工业样板制作程序

童装工业样板是合乎款式要求、面料要求、规格尺寸和工艺要求的一整套利于裁剪、缝制、后整理的样板，是将结构图的轮廓线加放缝份后使用的纸型，是童装生产企业有组织、有计划、有步骤、保质保量进行生产的保证。童装工业样板制作程序如下：

一、样板检验

样板检验是确保产品质量的重要手段。检验内容包括以下几个方面：

（一）缝合部位的检验

部位缝合的边线最终都要相等，如侧缝线的长度、大小袖缝的长度等。部位缝合的长度要保证容量的最低尺寸，如袖山曲线长大于袖窿曲线的长度、后肩线大于前肩线的长度等。

对缝合部位缝合后的圆顺程度要进行检验与修正，如领弧、领子、袖窿、下摆、侧缝、袖缝等。如图 7-1 领口与袖窿的检验和图 7-2 底摆与袖窿的检验。

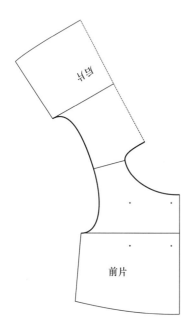

图 7-1　领口与袖窿的检验

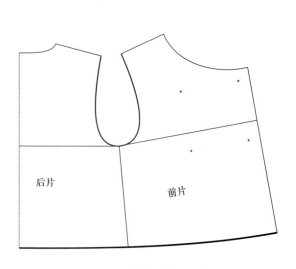

图 7-2　底摆与袖窿的检验

（二）对位点的标注

对位点是指为了保证衣片在缝合时能够准确匹配而在样板上用剪口、打孔等方式做出的标记，是成对存在的，如三围线、袖肘线、开衩位、驳头绱领止点等，一般在款式轮廓线上用垂直轮廓线的剪开方式做标记。

（三）纱向的标注

纱向用于描述机织物上纱线的纹路方向。直纱向指织物长度方向的纱向，横纱向指织物宽度方向的纱向，斜纱向指与织物纹路呈斜向角度的纱向。纱向线用以说明裁片排板的方向和位置。裁片在排料裁剪时首先要通过纱向线来判断摆放的正确方向和位置，其次要通过箭头符号来确定面料的状态。如图7-3所示的纱向线的标注，由前止口为直纱向可以判断裁片的纱向。

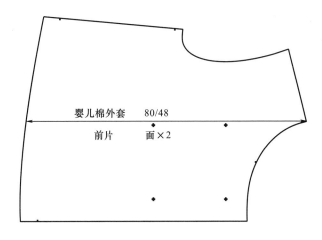

婴儿棉外套　　80/48
前片　　面×2

图7-3　裁片标注内容

（四）文字标注

文字标注包含产品的款式编号或名称、尺码号、裁片名称和裁片数等，对于一些分割较多的款式或不易识别的裁片，标注时也要在裁片的边线上写清楚，以便于生产。如图7-3所示的裁片标注内容。

二、缝份的加放

在服装结构图完成后，应根据需要在净板基础上加放必要的缝份，并对样板进行复核，确定样板准确无误后，再进行后续的生产活动。

缝份的加放是为了满足衣片缝制的基本要求，样板缝份的加放受很多因素的影响，如款式、部位、工艺及服用材料等，在加放时要综合考虑。通常，缝份加放的原则如下：

（1）样板的毛样轮廓线与净样轮廓线保持平行，即遵循平行加放的原则。

（2）对肩线、侧缝、前后中心线等近似直线的轮廓线加放缝份1～1.2cm。

（3）领圈、袖窿等曲度较大的轮廓线缝份加放0.8～1cm。

（4）折边部位缝份的加放量根据款式与年龄的不同，数量变化较大。对于近似扇形的下摆，还应注意缝份的加放需满足缝制的需要，即以下摆折边线为中心线，根据对称原理做出放缝线。

（5）注意各样板的拼接处应保证缝份宽窄、长度相当，角度吻合。例如两片袖，如果完全按平行加放的原则放缝，在两个袖片拼合的部位会因为端角缝份大小不等而发生错位现象。因此对于净样板的边角均应采用构制四边形法，即在样板边角延长需要缝合的净样线，与另一毛样线相交，按缝头做缝线延长线的垂线，画出四边形。如图7-4所示的缝份角的处理。

（6）对于不同质地的服装材料，缝份的加放量要做相应调整。一般质地疏松、边缘易于

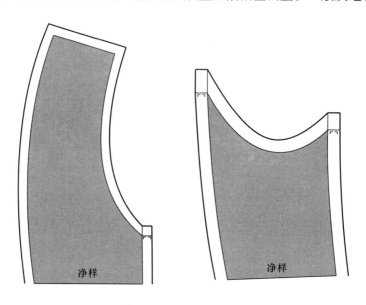

图7-4　缝份角的处理

脱散的面料的缝份较之普通面料应多放0.2cm。

（7）对于配里的服装，面料的放缝遵循以上所述的各原则和方法，里料的放缝方法与面料的放缝方法基本相同，但考虑到人体活动的需要，并且往往里布的强度较面料差，所以在围度方向上里料的放缝要大于面料，一般大0.2 ~ 0.3cm，长度方向上由于下摆的制作工艺不同，里布的放缝量也有所不同，一般情况下在净样的基础上加放1cm即可。

第二节　童装工业样板制作实例

童装工业样板制作实例选用第二章~第四章典型童装案例，在结构图的基础上进行各衣片缝份的加放和裁片的标注。

一、幼儿背心（男童）工业样板的制作

该实例以第二章图2-15所示幼儿背心（男童）为例进行工业样板的制作。

幼儿背心（男童）缝份加放如图7-5所示，工业样板如图7-6所示。

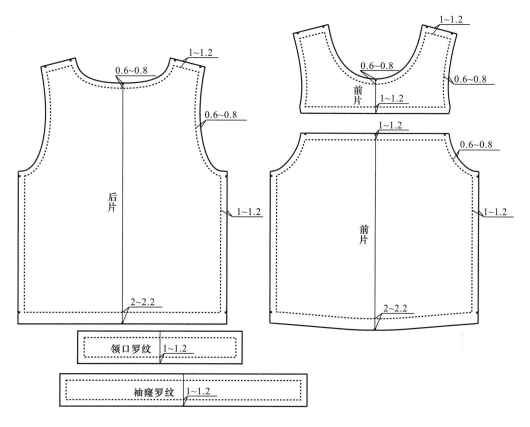

图 7-5 幼儿背心（男童）缝份加放图

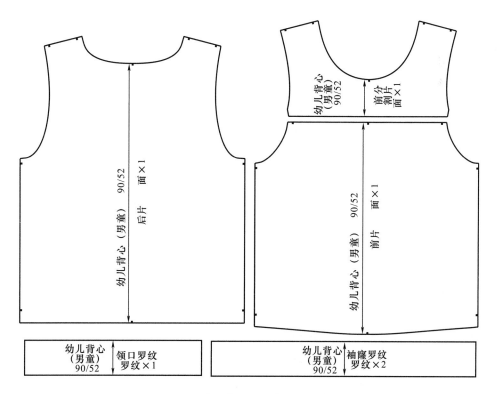

图 7-6 幼儿背心（男童）工业样板

二、针织T恤衫工业样板的制作

该实例以第二章图2-60所示少年半袖T恤为例进行工业样板的制作。

少年半袖T恤缝份加放如图7-7所示，工业样板如图7-8所示。

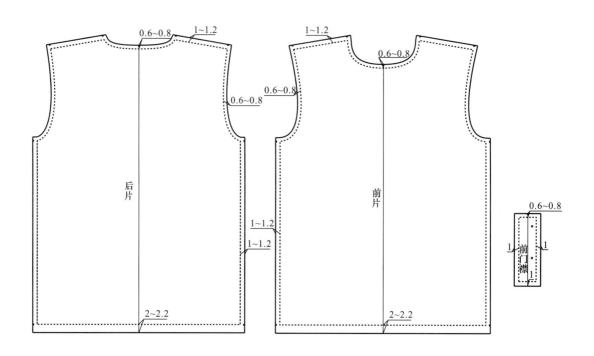

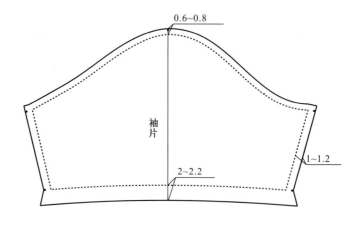

图7-7　针织T恤衫缝份加放图

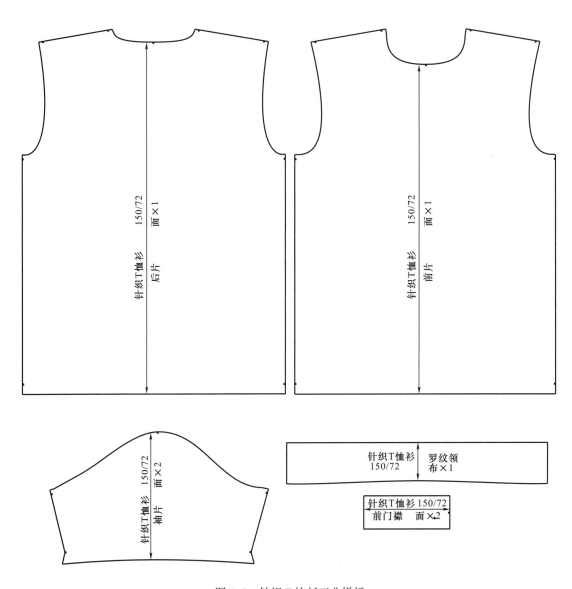

图 7-8　针织 T 恤衫工业样板

三、少年休闲衬衫工业样板的制作

该实例以第三章图 3-49 所示少年休闲衬衫为例进行工业样板的制作。

少年休闲衬衫缝份加放如图 7-9 所示，工业样板如图 7-10 所示。

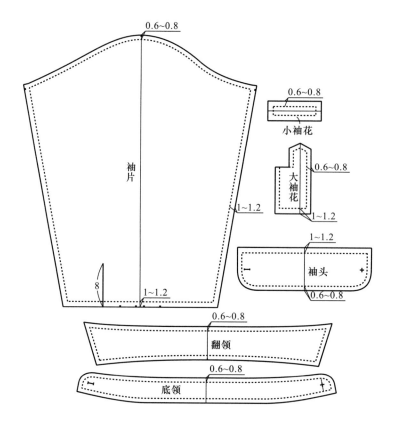

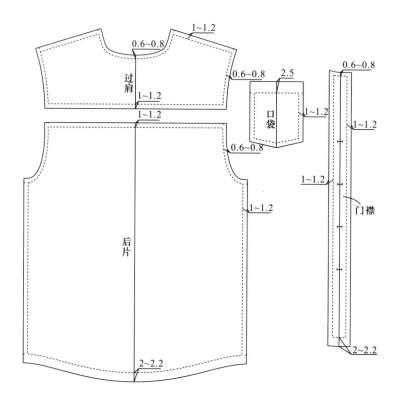

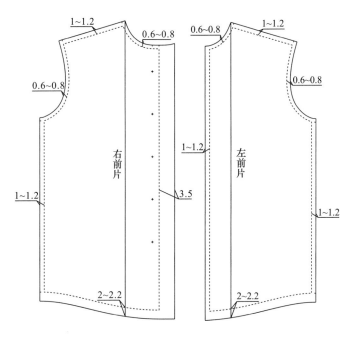

图 7-9 少年休闲衬衫缝份加放图

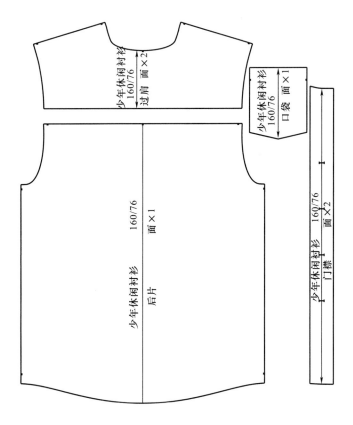

图 7-10

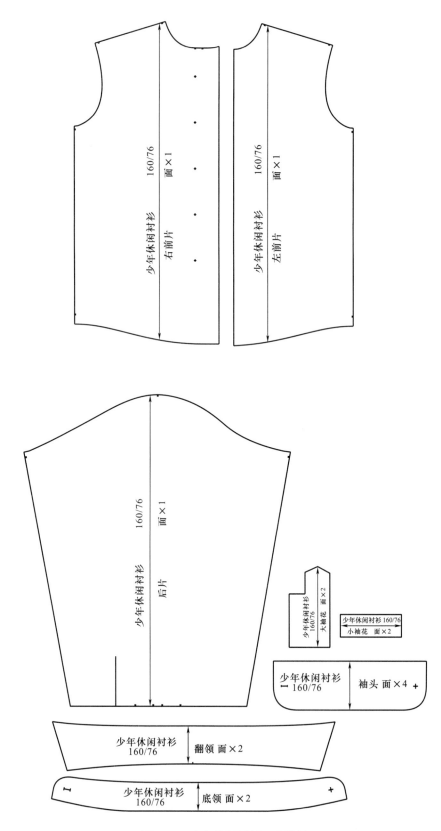

图 7-10 少年休闲衬衫工业样板

四、少年马甲工业样板的制作

该实例以第三章图 3-51 所示的少年马甲为例进行工业样板的制作。

少年马甲面料缝份加放如图 7-11 所示，里料缝份加放如图 7-12 所示，面料工业样板如图 7-13 所示，里料工业样板如图 7-14 所示。

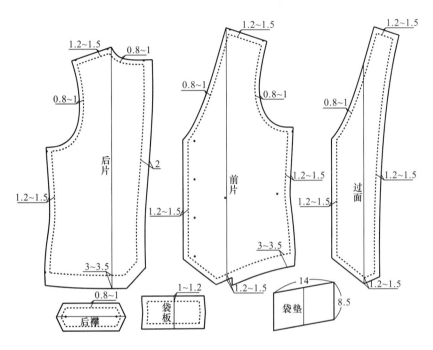

图 7-11　少年马甲面料缝份加放图

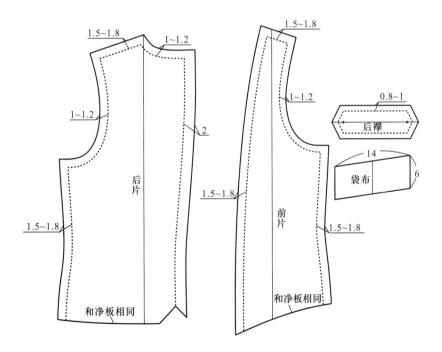

图 7-12　少年马甲里料缝份加放图

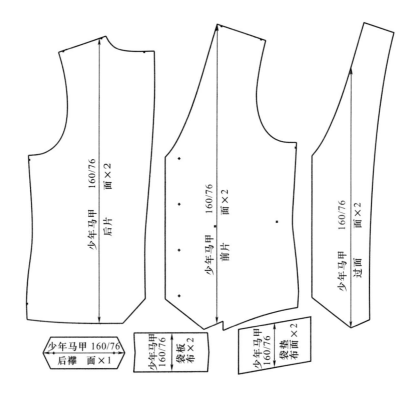

图 7-13　少年马甲面料工业样板

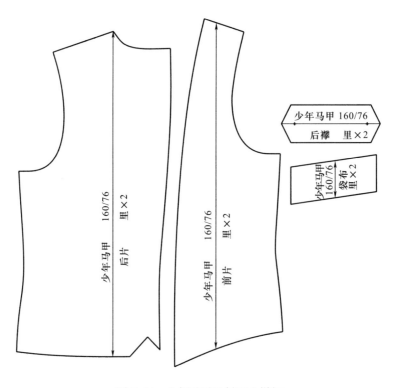

图 7-14　少年马甲里料工业样板

五、女童春秋外套工业样板的制作

该实例以第三章图 3-35 所示的女童春秋外套为例进行工业样板的制作。

女童春秋外套面料缝份加放如图 7-15 所示，里料缝份加放如图 7-16 所示，面料工业样板如图 7-17 所示，里料工业样板如图 7-18 所示。

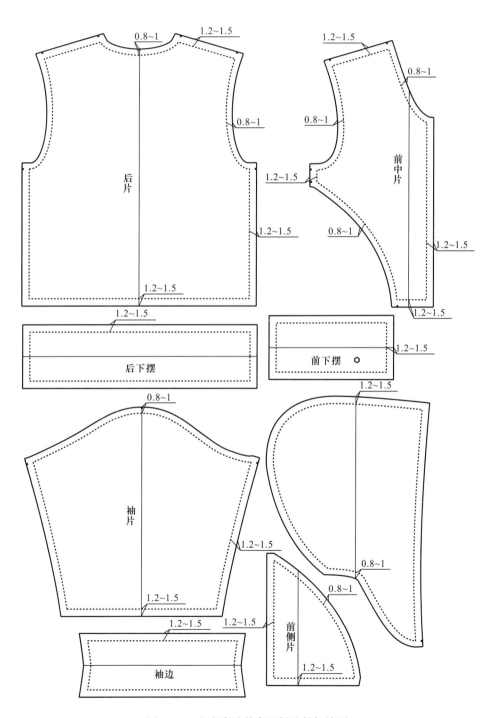

图 7-15　女童春秋外套面料缝份加放图

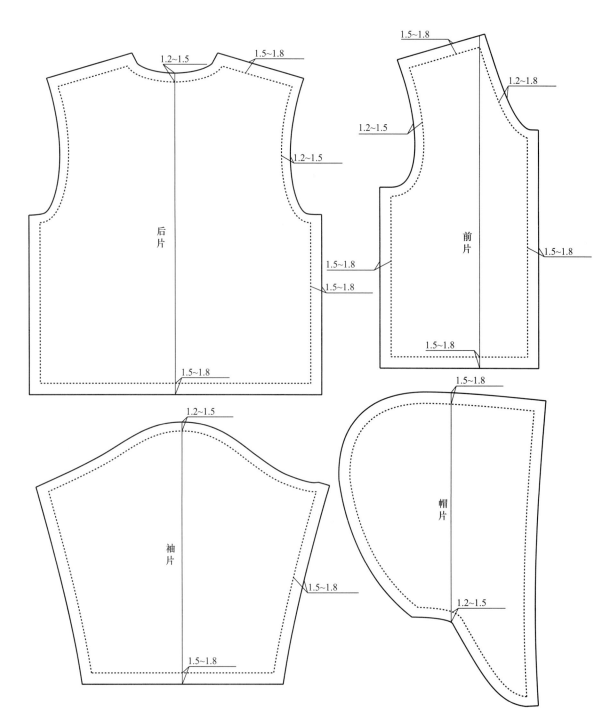

图 7-16 女童春秋外套里料缝份加放图

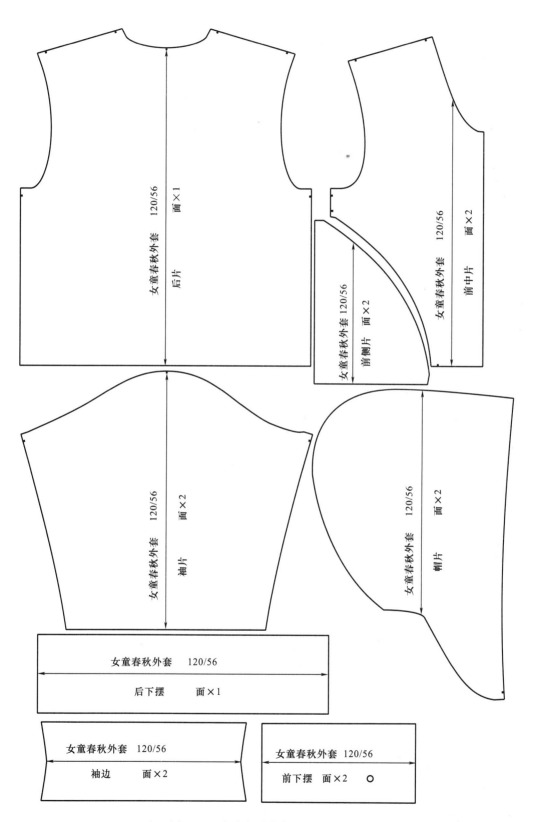

图7-17　女童春秋外套面料工业样板

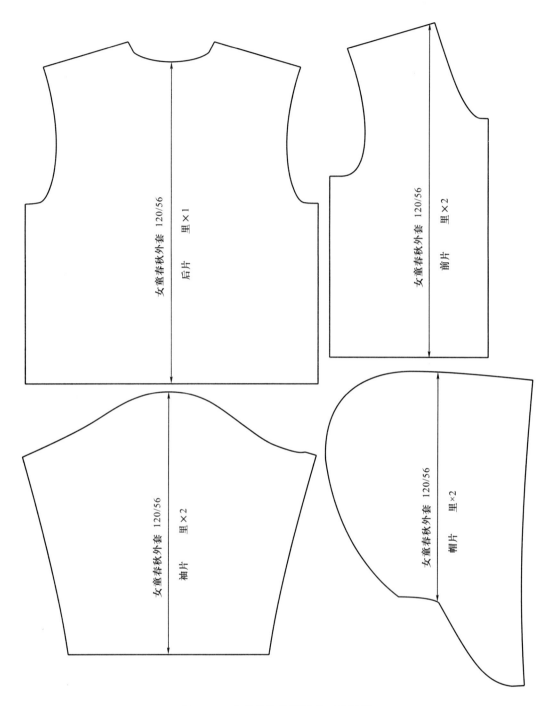

图 7-18　女童春秋外套里料工业样板

六、学童毛呢连衣裙工业样板的制作

该实例以第三章图 3-41 所示的学童毛呢连衣裙为例进行工业样板的制作。

学童毛呢连衣裙面料缝份加放如图 7-19 所示，里料缝份加放如图 7-20 所示，面料工业样板如图 7-21 所示，里料工业样板如图 7-22 所示。

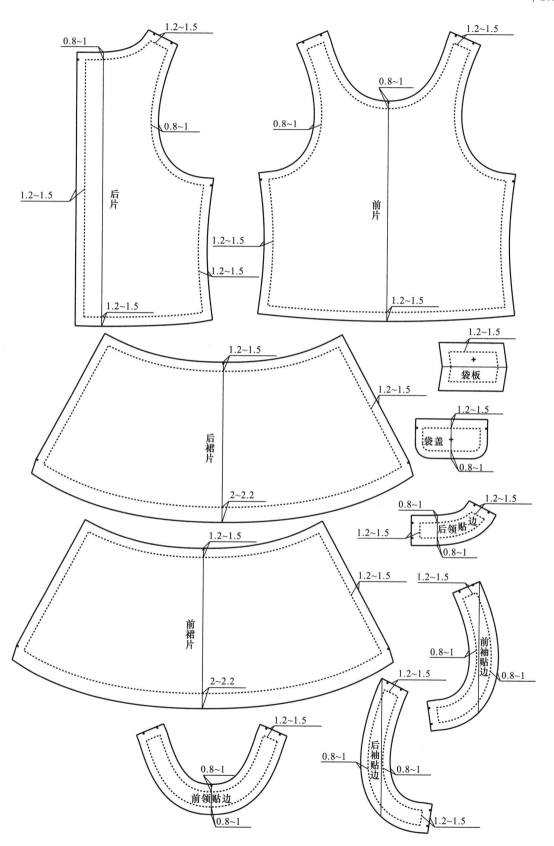

图 7-19　学童毛呢连衣裙面料缝份加放图

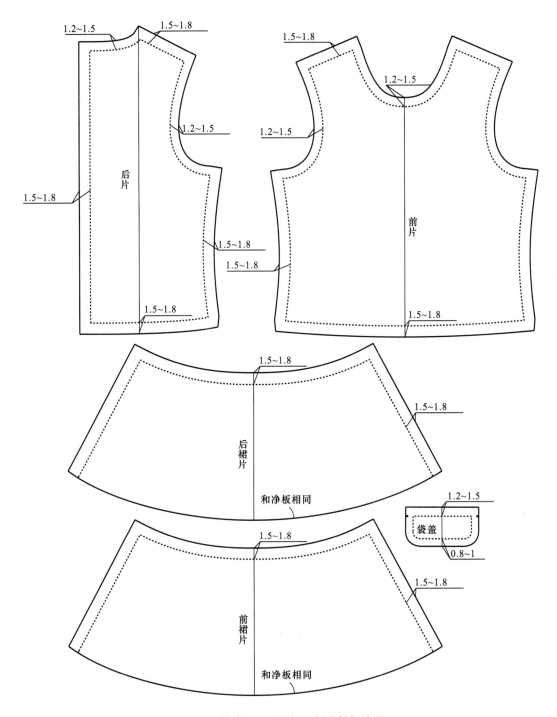

1.2~1.5
1.5~1.8
1.2~1.5
1.2~1.5
1.5~1.8
后片
1.5~1.8
1.5~1.8
1.5~1.8

1.5~1.8
1.2~1.5
1.2~1.5
前片
1.5~1.8

1.5~1.8
后裙片
1.5~1.8
和净板相同

1.2~1.5
袋盖
0.8~1

1.5~1.8
前裙片
1.5~1.8
和净板相同

图 7-20　学童毛呢连衣裙里料缝份加放图

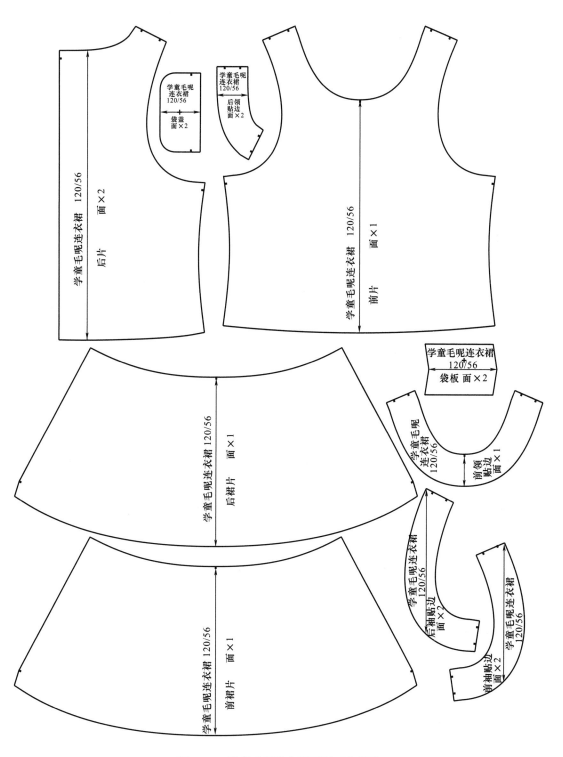

图 7-21　学童毛呢连衣裙面料工业样板

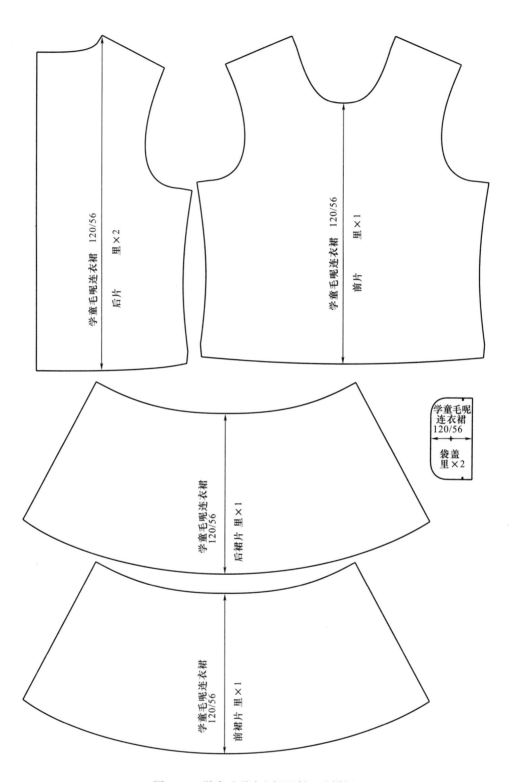

图 7-22 学童毛呢连衣裙里料工业样板

七、少年长裤工业样板的制作

该实例以第三章图 3-55 所示的少年长裤为例进行工业样板的制作。

少年长裤面料缝份加放如图 7-23 所示，面料工业样板如图 7-24 所示。

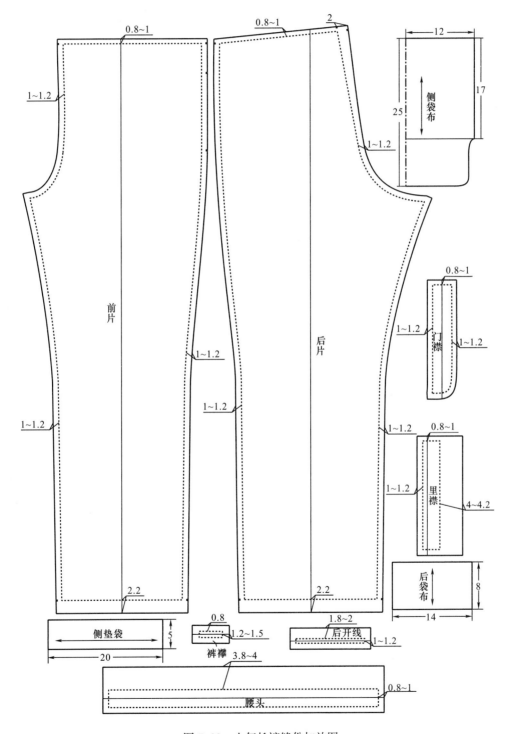

图 7-23　少年长裤缝份加放图

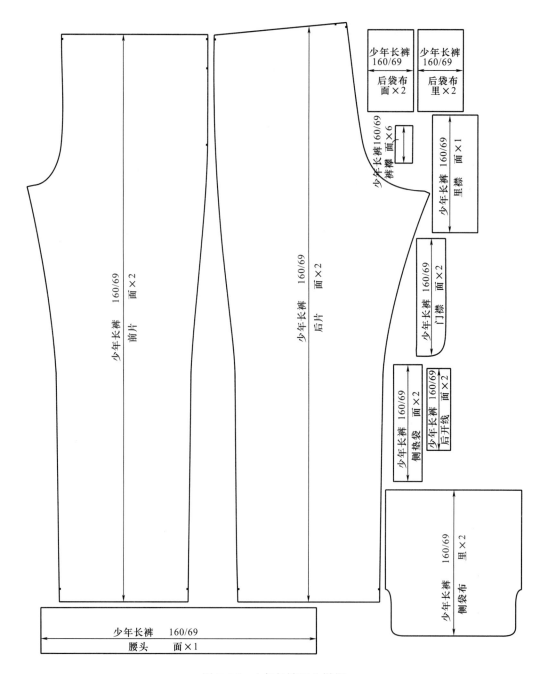

图 7-24 少年长裤工业样板

八、学童棉服工业样板的制作

该实例以第四章图 4-11 所示的学童棉服为例进行工业样板的制作。

学童棉服面料缝份加放如图 7-25 所示，里料缝份加放如图 7-26 所示，面料工业样板如图 7-27 所示，里料工业样板如图 7-28 所示。

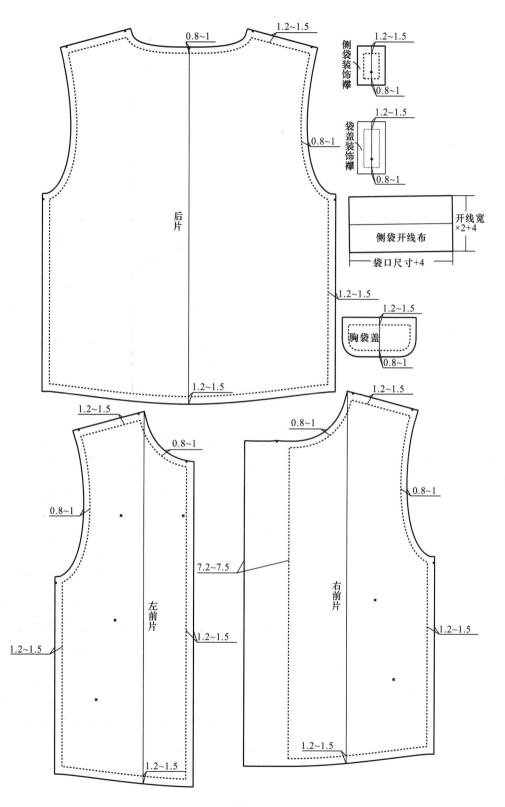

0.8~1
1.2~1.5

侧袋装饰襻
1.2~1.5
0.8~1

袋盖装饰襻
1.2~1.5
0.8~1

0.8~1

开线宽
×2+4
侧袋开线布
袋口尺寸+4

1.2~1.5

胸袋盖
1.2~1.5
0.8~1

后片

1.2~1.5

1.2~1.5

1.2~1.5

0.8~1

0.8~1

0.8~1

0.8~1

左前片

右前片

7.2~7.5

1.2~1.5

1.2~1.5

1.2~1.5

1.2~1.5

1.2~1.5

图 7-25

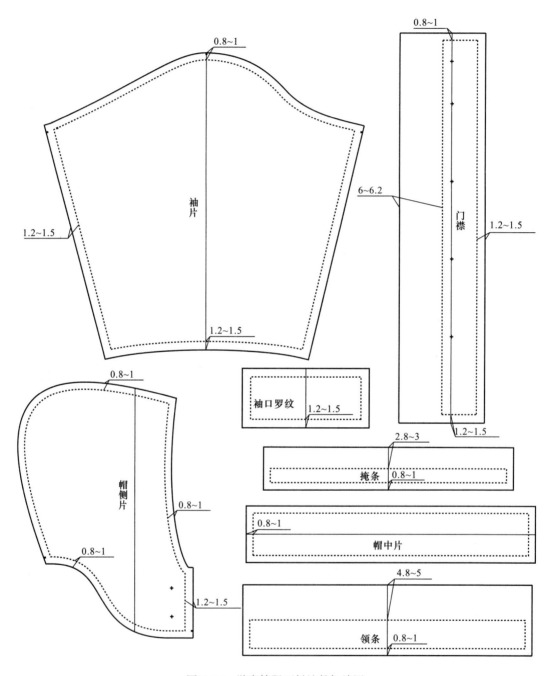

图7-25 学童棉服面料缝份加放图

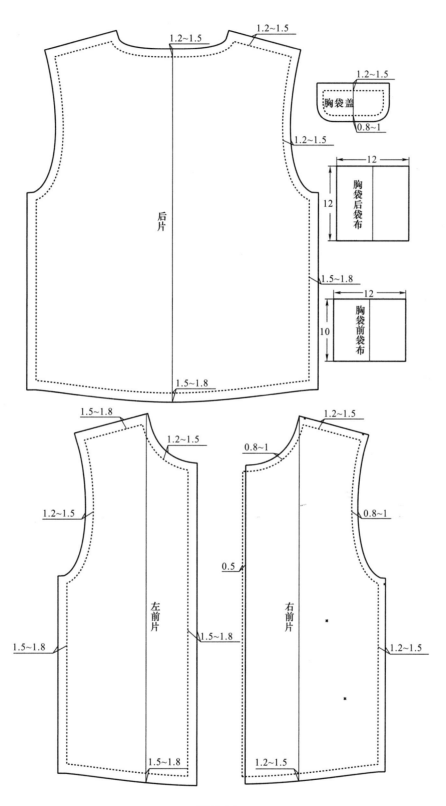

图 7-26

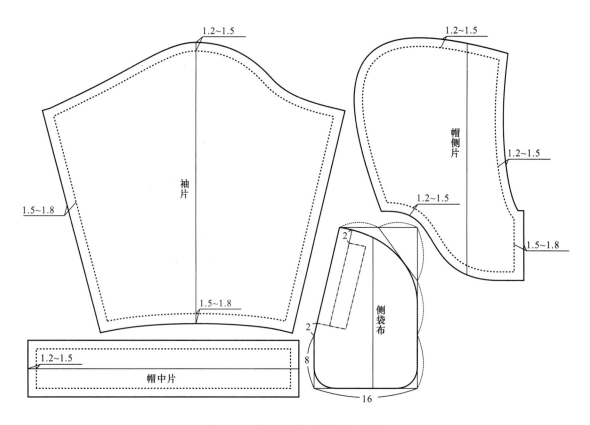

图 7-26　学童棉服里料缝份加放图

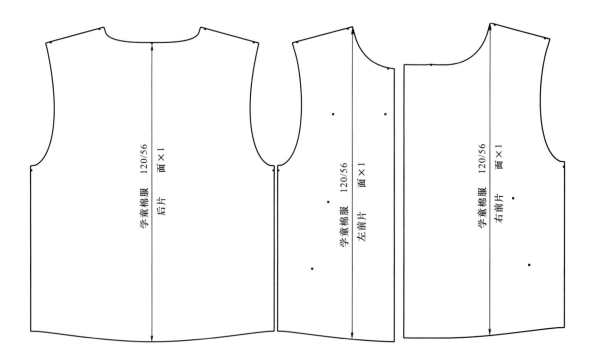

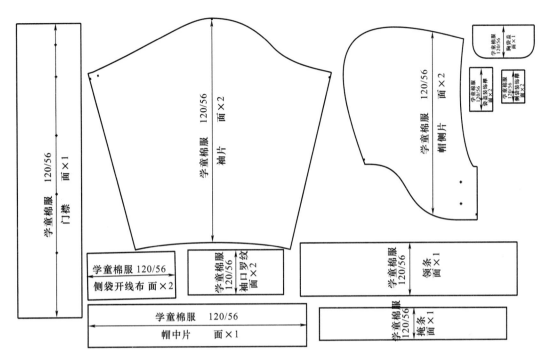

图7-27 学童棉服面料工业样板

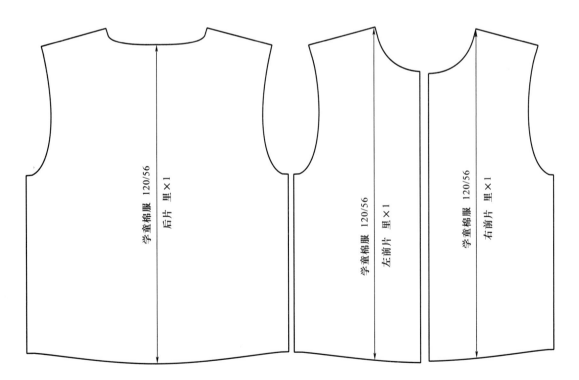

图7-28

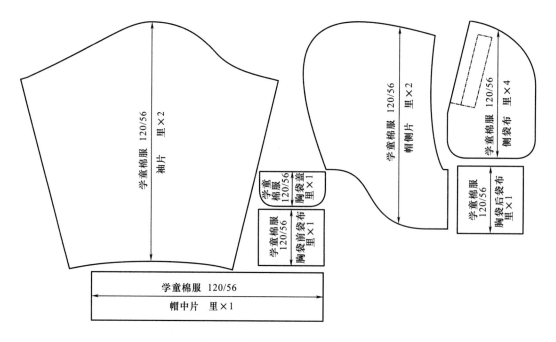

图7-28　学童棉服里料工业样板

思考与练习

1. 说明裤装样板检验的部位和具体检验内容。

2. 说明服装工业样板标注的内容。

3. 针对学童期儿童设计夏季、春秋季和冬季上衣各一件，分析放松量的差异，绘制结构图并加放缝份，说明缝份加放的差异。

参考文献

［1］马芳，侯东昱 . 童装纸样设计［M］. 北京：中国纺织出版社，2008.

［2］中国标准出版社第一编辑室 .GB/T 1335.3—2009 中华人民共和国国家标准——服装号型　儿童［S］. 北京：中国标准出版社，2010.